《中国大百科全书》普及版

DIQIUSHOUWEIZHE ZIRANBAOHUQUHEGUOJIAGONGYUANGAILAN

地球守卫者

自然保护区和国家公园概览

【世界地理卷】

中国大百科全书出版社

图书在版编目（CIP）数据

地球守卫者：自然保护区和国家公园概览 / 《中国大百科全书：普及版》编委会编.—北京：中国大百科全书出版社，2015.1
（中国大百科全书：普及版）
ISBN 978-7-5000-9384-8

Ⅰ.①地… Ⅱ.①中… Ⅲ.①自然保护区-世界-普及读物②国家公园-世界-普及读物 Ⅳ.①S759.991-49

中国版本图书馆CIP数据核字（2014）第145381号

总 策 划：刘晓东　陈义望
策划编辑：王　杨
责任编辑：王　杨
装帧设计：童行侃
出版发行：中国大百科全书出版社
地　　址：北京阜成门北大街17号　　邮编：100037
网　　址：http：//www.ecph.com.cn　　Tel：010-88390718
图文制作：北京华艺创世印刷设计有限公司
印　　刷：保定市铭泰达印刷有限公司
字　　数：122千字
印　　张：8
开　　本：720×1020　1/16
版　　次：2015年1月第1版
印　　次：2020年4月第5次印刷
书　　号：ISBN 978-7-5000-9384-8
定　　价：28.00元

前言

《中国大百科全书》是国家重点文化工程，是代表国家最高科学文化水平的权威工具书。全书的编纂工作一直得到党中央国务院的高度重视和支持，先后有三万多名各学科各领域最具代表性的科学家、专家学者参与其中。1993年按学科分卷出版完成了第一版，结束了中国没有百科全书的历史；2009年按条目汉语拼音顺序出版第二版，是中国第一部在编排方式上符合国际惯例的大型现代综合性百科全书。

《中国大百科全书》承担着弘扬中华文化、普及科学文化知识的重任。在人们的固有观念里，百科全书是一种用于查检知识和事实资料的工具书，但作为汲取知识的途径，百科全书的阅读功能却被大多数人所忽略。为了充分发挥《中国大百科全书》的功能，尤其是普及科学文化知识的功能，中国大百科全书出版社以系列丛书的方式推出了面向大众的《中国大百科全书》普及版。

《中国大百科全书》普及版为实现大众化和普及化的目标，在学科内容上，选取与大众学习、工作、生活密切相关的学科或知识领域，如文学、历史、艺术、科技等；在条目的选取上，侧重于学科或知识领域的基础性、实用性条目；在编纂方法上，为增加可读性，以章节形式整编条目内容，对过专、过深的内容进行删减、改编；在装帧形式上，在保持百科全书基本风格的基础上，封面和版式设计更加注重大众的阅读习惯。因此，普及版在充分体现知识性、准确性、权威性的前提下，增加了可读性，使其兼具工具书查检功能和大众读物的阅读功能，读者可以尽享阅读带来的愉悦。

百科全书被誉为“没有围墙的大学”，是覆盖人类社会各学科或知识领域的知识海洋。有人曾说过：“多则价谦，万物皆然，唯独知识例外。知识越丰富，则价值就越昂贵。”而知识重在积累，古语有云：“不积跬步，无以至千里；不积小流，无以成江海。”希望通过《中国大百科全书》普及版的出版，让百科全书走进千家万户，切实实现普及科学文化知识，提高民族素质的社会功能。

2013 年 6 月

上篇：自然保护区

第一章 中国自然生态系统类自然保护区

一、哀牢山自然保护区 3
二、白马雪山自然保护区 4
三、八大公山自然保护区 5
四、大青沟自然保护区 5
五、鼎湖山自然保护区 7
六、丰林自然保护区 8
七、凤阳山自然保护区 8
八、高黎贡山自然保护区 9
九、牯牛降自然保护区 11
十、贺兰山自然保护区 12
十一、喀纳斯综合自然保护区 13
十二、兰屿自然保护区 14
十三、雷公山自然保护区 14
十四、鸡公山自然保护区 15
十五、凉水自然保护区 16
十六、庐山自然保护区 16
十七、墨脱自然保护区 18
十八、梅花山自然保护区 19
十九、清凉峰自然保护区 19

二十、太白山自然保护区 20
二十一、太鲁阁自然保护区 21
二十二、神农架自然保护区 22
二十三、武夷山自然保护区 23
二十四、西双版纳自然保护区 25
二十五、长白山自然保护区 26
二十六、阿尔金山自然保护区 27
二十七、羌塘高原自然保护区 27
二十八、珠穆朗玛峰自然保护区 28
二十九、东寨港自然保护区 29
三十、锡林郭勒草原自然保护区 30
第二章　中国野生生物类自然保护区
一、巴音布鲁克自然保护区 31
二、霸王岭自然保护区 32
三、白水江自然保护区 33
四、布尔根河狸自然保护区 33
五、呼玛河自然保护区 34
六、九寨沟自然保护区 34
七、芦芽山自然保护区 35
八、南滚河自然保护区 36
九、南湾自然保护区 37
十、卧龙自然保护区 37
十一、鄱阳湖自然保护区 39
十二、铁布自然保护区 39
十三、乌岛自然保护区 40
十四、扎龙自然保护区 41

十五、盐城湿地珍禽自然保护区 41
十六、周至自然保护区 42
十七、花坪自然保护区 43
十八、桫椤自然保护区 44
十九、天目山自然保护区 45
二十、巴尔鲁克山自然保护区 45

第三章　中国自然遗迹类自然保护区

一、蓟县中上元古界自然保护区 47
二、台湾阳明山自然保护区 48
三、五大连池自然保护区 49
四、山旺古生物化石自然保护区 50

第四章　国外自然保护区

一、别洛韦日自然保护区 51
二、贾河动物保护区 52
三、恩戈罗恩戈罗自然保护区 52
四、马纳斯动物保护区 53
五、宁巴山自然保护区 53
六、普拉塔诺河生物圈保护区 54
七、武吉知马自然保护区 55
八、钦基·贝马拉哈自然保护区 56

下篇：国家公园

第一章　亚洲

一、大汉山国家公园 59

二、科莫多国家公园 60
三、盖奥拉德奥国家公园 61
四、加济兰加国家公园 62
五、穆鲁山国家公园 63
六、楠达德维国家公园 64
七、尼亚国家公园 64
八、奇特旺国家公园 65
九、萨加玛塔国家公园 66
十、孙德尔本斯国家公园 66
十一、乌戎库隆国家公园 67
第二章　非洲
一、巴乌莱河湾国家公园 69
二、察沃国家公园 70
三、布温迪国家公园 71
四、加兰巴国家公园 71
五、大林波波跨国公园 72
六、卡盖拉国家公园 72
七、丁德尔国家公园 73
八、尼奥科洛科巴国家公园 73
九、戈龙戈萨国家公园 74
十、卡富埃国家公园 75
十一、卡拉哈迪跨国公园 76
十二、克鲁格国家公园 76
十三、马拉维湖国家公园 77
十四、南卢安瓜国家公园 77
十五、乔贝国家公园 78

十六、瑟门国家公园 79
十七、塔伊国家公园 79
十八、万盖国家公园 80
十九、维龙加国家公园 81
二十、圣弗洛里斯国家公园 82
第三章　欧洲
一、阿布鲁佐国家公园 83
二、比亚沃维耶扎国家公园 84
三、大帕拉迪索国家公园 85
四、加拉霍奈国家公园 85
五、普利特维察湖群国家公园 86
六、瑞士国家公园 86
七、多尼亚纳国家公园 87
第四章　北美洲
一、奥林匹克国家公园 88
二、班夫国家公园 89
三、大蒂顿国家公园 90
四、大雾山国家公园 91
五、大峡谷国家公园 92
六、大沼泽地国家公园 93
七、蒂卡尔国家公园 94
八、红杉树国家公园 95
九、卡乌伊塔国家公园 96
十、黄石国家公园 96
十一、科科岛国家公园 97
十二、伍德布法罗国家公园 98

十三、马默斯洞穴国家公园 99
十四、梅萨维德国家公园 100
十五、落基山国家公园 101
十六、夏威夷火山国家公园 102
十七、约塞米蒂国家公园 103
第五章 南美洲
一、冰川国家公园 105
二、卡奈马国家公园 106
三、达连国家公园 107
四、洛斯卡蒂奥斯国家公园 107
五、马努国家公园 108
六、圣拉斐尔国家公园 108
七、雪山国家公园 109
八、普拉塞国家公园 110
九、瓦斯卡兰国家公园 110
十、桑盖国家公园 111
十一、伊瓜苏国家公园 112
第六章 大洋洲
一、库克峰国家公园 113
二、卡卡杜国家公园 114
三、乌卢鲁-卡塔曲塔国家公园 115
四、汤加里罗国家公园 116
五、韦斯特兰国家公园 117

上篇

自然保护区

自然保护区能够完整地保存自然环境的本来面目，为人类观察研究自然界的发展规律，以及为环境监测评价提供客观依据。自然保护区能够保护、恢复、发展、引种、繁殖生物资源，可看作是物种的天然资源库；它能保存生物物种的多样性，尤其是保护濒于灭绝的生物物种，因而又是天然的基因库。自然保护区对于维持生物圈的生态平衡，保持水土，涵养水源，调节气候，改善人类生活环境，促进农业生产、科学研究、文化教育、卫生和旅游等事业的发展，都有重要作用。设立自然保护区是人类保护环境的一项重要措施。

第一章　中国自然生态系统类自然保护区

[一、哀牢山自然保护区]

中国森林生态系统自然保护区。1988 年建立的国家级自然保护区。

哀牢山自然保护区位于云南省哀牢山中北段上部，沿山脊为北北西—南南东走向，呈斜狭长形，南北长约 102 千米，东西平均宽 5 千米。面积 67700 公顷。主要是以壳斗科的石栎属、栲属，山茶科的木荷属，樟科的润楠属，木兰科的木莲属为优势树种的原始森林。保护区主要保护对象为中亚热带典型常绿阔叶林及多种野生动物。因地处海拔 2200 ～ 2800 米，且气候湿润，多云雾，所以又称“中山湿性常绿阔叶林”。特别是来自西伯利亚和蒙古的冷空气，经四川、贵州进入云南时沿途受到较高气温的影响和重重山脉特别是哀牢山的阻挡。进入滇西或滇西南后，冷空气不断增温，这为热带作物越冬创造了极为优越的气候条件。加之河流深切，相对高差很大，由山脚到山顶依次有热带、亚热带、温带、寒温带等气候带。这里蕴藏着丰富的物种资源，有近1500种高等植物，800多种野生动物，构成了完整而稳定的森林生态系统。

[二、白马雪山自然保护区]

中国滇金丝猴和高山针叶林自然保护区。1988年列为国家级自然保护区。

白马雪山自然保护区位于云南省德钦县境内，包括横断山脉中段、云岭北段主峰白马雪山（又称白芒雪山）和人支雪山的金沙江坡面。总面积276400公顷。整个保护区山峰线皆在海拔4000米以上，超过海拔5000米的山峰有20座，最高峰白马雪山海拔5430米，终年白雪皑皑。从峰顶到奔子栏洪积扇缘线海拔1950米，相对高差3480米。具有干湿季明显的特征，降水少而集中。气候随海拔的升高而变化，形成河谷温暖干燥、山地严寒的特点。自然景观垂直带谱十分明显。

主要保护对象是高山针叶林和特产、珍稀滇金丝猴。滇金丝猴是中国特有的珍稀动物，终年生活在海拔2500～4700米的高山森林里，是典型的树栖动物，肉红色的嘴唇是它们区别于其他金丝猴的显著标志。滇金丝猴大致分为13群，总数约1000～1500只，是国家一级保护动物。

白马雪山自然保护区

[三、八大公山自然保护区]

中国森林生态系统自然保护区。1982 年建立。1986 年列为国家级自然保护区。

八大公山国家自然保护区一景

八大公山自然保护区位于湖南省桑植县境内。面积约 20000 公顷。主要保护对象是亚热带森林生态系统、珍稀动植物。八大公山所处的湘西地区，自白垩纪、第三纪以来，未发生剧烈的构造运动，加上近南北走向的山脉、河谷的分布及云贵高原的毗邻，有利于热带、南亚热带的动植物沿河谷地带北上，北亚热带的动植物沿山带南伸，云贵高原的温凉性动植物沿山原面西渗。本区为华东、华南、华中、西南动植物区系的接触过渡地带，动植物种类繁多，其中包括相当多的古老孑遗种类。拥有国家一级树种珙桐、银杉和水杉。珍贵动物有金钱豹、云豹、金猫等。

[四、大青沟自然保护区]

中国森林生态类型和珍贵的阔叶树种自然保护区。1980 年建立。1988 年列为国家级自然保护区。

大青沟自然保护区位于内蒙古自治区通辽市科尔沁左翼后旗西南部，属于科尔沁沙地的中间地带。面积 8183 公顷。保护区地质构造体系属西辽河沉降带。在长期复杂的地质运动下，地表径流和地下水潜流的交互作用形成了两大沟壑，即大青沟和小青沟。大青沟长约 20 千米，深 60 ～ 100 米，沟宽

大青沟四季不枯竭、不冻冰的河流

平均 350 米；小青沟长约 10 千米，深 50 ～ 70 米，沟宽平均 350 ～ 400 米。沟的四周处于起伏不平的沙质草原地带。由于二者深嵌于沙地中，谷深面窄，周围虽沙丘滚滚，风沙弥漫，气温日较差、年较差都较大；但沟内冬暖夏凉，气温变化缓和，适宜植物生长。沟内生长着具有原始状态的珍贵阔叶混交林，植被资源丰富，有黄菠萝、椴树、胡桃树等各种乔木树种和其他植物共 94 科 290 属 450 多种。

大青沟有长白区系、内蒙古和华北区系的木本植物 106 种，草本植物 422 种。因为沟底至沟上气温条件的变化，所以沟底水曲柳群落、沟坡蒙古栎群落和沟沿大果榆群落三层植物群落排列有序。从沟外到沟内分别有沙质草原、疏林地、珍贵阔叶混交林等不同景观。沟底有长流水，冬季仍可看到翠绿的水生植物；夏季则清凉湿润，景色宜人。

[五、鼎湖山自然保护区]

中国森林生态系统自然保护区。被誉为“北回归沙漠带上的绿洲”。1956年建立，是中国第一个自然保护区。1980年1月加入联合国“人与生物圈计划”自然保护区网。

鼎湖山自然保护区位于广东省肇庆市境内。面积1133公顷。保护区保存的较完整的亚热带季风常绿阔叶林是中国亚热带典型的季雨林植被类型，与世界上同纬度许多地区普遍出现的荒漠和稀树草原迥然不同。

主要保护对象是南亚热带常绿阔叶林和珍稀动植物。保护区植物分属267科878属1861种。其中苔藓植物45科86属141种，蕨类植物37科74属131种，裸子植物4科5属23种，被子植物181科713属1566种。此外，栽培植物约有390种。群落层次多，结构复杂，有不少是在国内外快要灭绝或者孑遗的宝贵品种，如中国特有的孑遗植物观光木。被国家列入一级保护树种的格木，只在华南少数地区生长，这里却成片分布。保护区有170余种鸟类、38种兽类和20种爬行动物。列为国家保护动物的有穿山甲、苏门羚、小灵猫等。重要经济兽类有赤麂、野猪、果子狸、豹猫、豪猪等。

鼎湖山庆云寺牌坊

保护区的建立对研究季风亚热带地理环境的形成与演变、人与生态环境的关系都有重要意义。鼎湖山自然保护区又是著名风景区。位于鼎湖山上的庆云寺为岭南四大名刹之一。

[六、丰林自然保护区]

中国红松种质资源自然保护区。1958 年建立。1988 年列为国家级自然保护区。1997 年加入联合国“人与生物圈计划”自然保护区网。

丰林自然保护区原始森林奇观——森林云海

丰林自然保护区位于小兴安岭山地南端的黑龙江省伊春市五营区。面积约 18400 公顷。主要保护以红松为主的红松针阔混交林以及豹、熊、梅花鹿、马鹿、狍子、松鼠、野猪、猞猁等野生动物。属于森林生态保护类型。保护区内以红松为主的红松针阔混交林，是中国东北面积最大、最有代表性的森林类型。林中树木胸径最大可达 140 厘米，树高最高达 37 米。红松木材轻软、易加工、不易开裂、不易曲挠、纹理通直，被广泛用于建筑、交通、矿山、机械等方面；树干富含松脂，可提炼松香和松节油。红松种子含丰富的油脂、蛋白质，营养价值极高，含油率 70%以上，可制成良好的食用油。松针所提炼出的松针油可用于工业。

[七、凤阳山自然保护区]

中国森林生态系统自然保护区。浙江省 1975 年建立凤阳山自然保护区，1985 年建立百山祖自然保护区，1992 年两保护区合并为国家级自然保护区。

凤阳山自然保护区位于北纬 27°55′，东经 119°11′，浙江省西南部龙泉市、庆元县境内，在武夷山系洞宫山脉中段的浙江省最高峰黄茅尖（海拔 1921 米）

上。面积26052公顷。凤阳山位于中亚热带和南亚热带过渡地区，植被类型和区系成分复杂，有维管束植物167科609属1273种，其中木本植物有91科272属663种，被列为国家重点保护植物的有白豆杉、华东黄杉、福建柏、长叶榧、钟萼木、鹅掌楸、香果树、八角莲、银种树、黄山木兰、青钱柳等20多种。天然植被湿润，常绿阔叶林也是主要保护对象。植物区系既有中国古老的特有树种，也有现代的植物区系；既有泛北极植物区系成分的典型种类，又有热带植物区系成分的延伸。垂直带谱比较明显，大致分布是：① 600～1300米处，常绿阔叶林和马尾松、竹林、杉木林等交错分布；② 1300～1700米处，为落叶常绿阔叶林，并交错分布有黄山松林；③ 1700米以上，分布有落叶林和高山灌丛及草丛。

凤阳山雪林

凤阳山也是野生动物良好的栖息、繁殖地，其中兽类16科36种，鸟类23科63种，爬行类5科14种，两栖类6科17种，鱼类5科12种，昆虫82科530余种。有53种被列为国家重点保护的珍稀动物，如金钱豹、猕猴、苏门羚、黄腹角雉、穿山甲、大鲵等。

[八、高黎贡山自然保护区]

中国森林生态系统自然保护区。1983年建立。1986年列为国家级自然保护区。1992年被世界野生生物基金会(WWF)评定为具有国际重要意义的A级保护区，2000年加入联合国“人与生物圈计划”自然保护区网。

高黎贡山自然保护区风光

云雾缭绕的高黎贡山

高黎贡山自然保护区位于云南西部边陲。总面积约40.5万公顷。主要保护完整的植被垂直带谱景观及多种多样的森林植被类型、多种珍贵野生动物。保护区所处的特殊自然地理环境，有利于古热带植物区系和泛北极植物区系成分交会过渡；其峡谷地貌又成了植物在第四纪冰川的避难所；巍峨的山体、明显的垂直植被景观，又使植物上升运动延续和持久，许多新生类型不断出现，而演化过程中的中间类型也得以保存；其温暖湿润的气候又适宜于生物的繁衍。因此，植物成分十分繁杂丰富，新老兼备，南北混杂。山地常绿阔叶林是中国最引人注目的原始阔叶林。已记载有高等植物256科1196属4897种。其中蕨类植物46科110属593种，裸子植物7科17属34种，被子植物203科1069属4270种。特有植物极为丰富，在种子植物中有1929种是特有种（计1116个中国特有种，379个云南特有种，434个高黎贡山特有种）。有国家一级保护植物4种，国家二级保护植物24种，如大树杜鹃、秃杉、长蕊木兰、珙桐、兰花、云南红豆杉、银杏、三尖杉等。

有兽类205种，鸟类525种，两栖动物52种，爬行动物81种，鱼类49种，昆虫1690种，其中国家一级保护动物18种，国家二级保护动物63种，如羚羊、白眉长臂猿、蜂猴、印支虎、野牛、滇金丝猴、金猫、云豹、金钱豹等。

因此，它既是庞大的动植物资源库，又是一个庞大的动植物种质遗传基因库，有着巨大的科学研究价值。

［九、牯牛降自然保护区］

中国森林生态系统自然保护区。1982年建立。1988年列为国家级自然保护区。

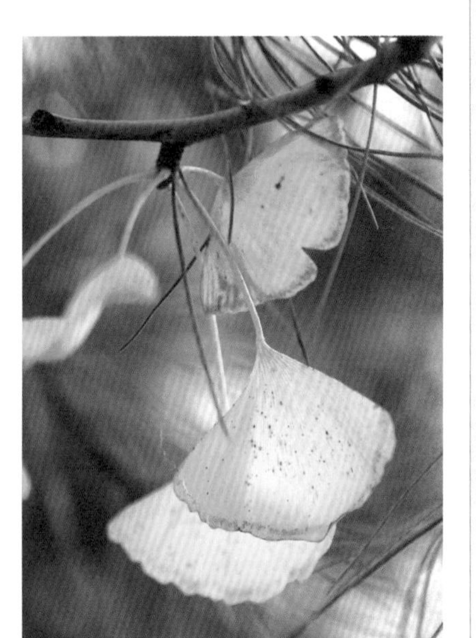
银杏

牯牛降自然保护区位于安徽省石台县、祁门县交界处。面积6713.3公顷。主要保护对象为中亚热带常绿阔叶林和珍稀动植物。最高峰牯牛降海拔1727.6米，属黄山山脉向西延伸的主体，是阊江和秋蒲河的发源地与分水岭。境内群峰兀立，重峦叠翠，森林茂密，烟云飞瀑，兽舞禽鸣，风光旖旎，景色绝妙。自然生态完整，垂直分布明显，植物类型多样，物种资源丰富。天然植被有常绿阔叶林、常绿落叶阔叶混交林、落叶阔叶林、针阔混交林、竹林、灌丛、竹丛、草甸、沼泽等各种植被类型和32种植物群落。植物1400余种，其中种子植物1100余种，蕨类植物100余种，苔藓植物200余种，木本植物539种。

动物800多种，其中兽类49种，鸟类147种，爬行类33种，两栖类17种，鱼类25种，昆虫550多种。被列为重点保护植物的有银杏、鹅掌楸、香果树、安徽杜鹃、黄山木兰、南方红豆杉等18种。区内国家重点保护动物有金钱豹、梅花鹿、黑麂、黑熊、黑鹳、白颈长尾雉、穿山甲、眼镜蛇、大鲵等71种。

牯牛降是地球上同一纬度带自然生态环境保存最为完好的生物物种基因宝库，也是中亚热带一块独具特色的风景资源宝库。

[十、贺兰山自然保护区]

中国森林生态系统及珍稀动植物自然保护区。1982年建立。1988年列为国家级自然保护区。

贺兰山自然保护区位于宁夏回族自治区西北边境与内蒙古自治区接界处的石嘴山、平罗、贺兰、银川、永宁等市县境内。面积193536公顷。主要保护干旱风沙区典型的森林生态系统及青海云杉、杜松、油松、羽叶丁香、蒙古扁桃、沙冬青和盘羊、黑鹳、马鹿、麝、蓝马鸡等物种。贺兰山海拔2000米左右，主峰海拔3556米，是西北地区东部外流区和西部内流区的分界线，是东部温带荒漠草原和西部温带荒漠的分界线，也是银川平原的天然屏障。保护区是宁夏回族自治区面积最大、森林蓄积量最多的一个林区。主要树种有青海云杉，其次是油松、山杨等，主要分布在阴坡、半阴坡，多数呈混交林，也有小面积纯林。森林植被垂直分布明显。有植物600余种，其中药用植物300余种。野生动物200余种，其中属于国家一、二级保护动物的有黑鹳、马鹿、麝、盘羊等。

贺兰口岩画

贺兰山明长城风光

[十一、喀纳斯综合自然保护区]

中国森林生态系统自然保护区。1980年划为林型综合性保护区，1986年列为国家级自然保护区。

喀纳斯湖

喀纳斯综合自然保护区位于新疆最北部阿尔泰山脉南坡，布尔津县与哈巴河县境内。面积220162公顷。保护对象是森林、珍稀动植物、冰川、湖泊等。保护区为中国唯一的北冰洋水系流域分布区和南西伯利亚区系动、植物分布区。保护区有植物1000多种，其中高等植物900多种，可作药用的有100多种，鹿草、岩白菜等为保护区所特有。有兽类50多种、鸟类200多种、昆虫300多种。珍稀动物有盘羊、雪豹、北山羊、紫貂、马鹿、兔狲、扫雪、猞猁、雪兔、黑琴鸡、熊、银狐、花尾榛鸡等，以及当地特有的松鸡、岩雷鸟、花鼠、灰鼠、胎生蜥蜴、阿尔泰林蛙；河湖中有大红鱼（又称哲罗鲑）、江鳕鱼、北极茴鱼、西伯利亚斜齿鳊鱼等。北极茴鱼、西伯利亚斜齿鳊鱼是北冰洋水系的冷水性鱼类，保护区为这些鱼类在中国的唯一产区。保护区内山巅冰川覆盖，湖中碧波万顷，岸边幽谷松涛，风景秀丽。喀纳斯综合自然保护区是著名的风景区，被誉为新疆的九寨沟，是新疆针叶树种和野生动物种数最多、人类影响最小、原始自然状况保存最为完整的地区。

[十二、兰屿自然保护区]

中国原始森林、珊瑚礁及其生态系统自然保护区。

蝴蝶兰

兰屿自然保护区距岸49海里，岛周长36千米，西北至东南长约12千米，面积为4700公顷。兰屿自然保护区是台湾省东部充满自然美的具有原始风貌的自然保护区。兰屿岛由安山岩、凝灰岩构成，安山岩中含有大量硫化铁，呈赤褐色，远望一片殷红，故兰屿旧称“红头屿”。后因该岛盛产蝴蝶兰，更名为兰屿。有红头山（海拔548米）、大森山（海拔479米）等。原始森林资源丰富，分布着850种植物和多种濒临灭绝的野生鸟类。居民多为高山族中的雅美族，当地保存了珍贵的原住民文化。兰屿以东的小兰屿，由珊瑚礁构成，面积约150公顷。珊瑚礁是热带近海中独特的“海底公园”，各种五彩缤纷的珊瑚礁附近生长着形形色色的喜礁生物和大量形态各异的珊瑚礁鱼类。珊瑚礁也是一种宝贵的旅游资源。

[十三、雷公山自然保护区]

中国森林生态系统自然保护区。1982年建立。2001年列为国家级自然保护区。

雷公山自然保护区位于北纬26°5′～26°32′，东经108°5′～108°24′，贵州省雷山、台江、剑河、榕江县交界处。面积约47300公顷。保护区主要树种有286种，分属54科135属；高等药用植物有430种，分属110科300属。其中秃杉是国家一级保护植物，二级保护植物有水青树、马尾树、木瓜红、鹅掌楸、篦子三尖杉、伞花木、福建柏、杜仲等。秃杉为起源古老的孑遗植物，在中国仅贵州及湖北、云南等省有分布，在贵州又仅见于雷公山地区。境内陆栖脊椎动物有150多种，其中一级保护动物有云豹，二级保护动物有猕猴、大鲵、穿山甲、林麝、苏门羚、大灵猫等。雷公山还是重要的水源涵养地。

马尾树

[十四、鸡公山自然保护区]

中国森林生态系统自然保护区。1988年建立国家级自然保护区。

鸡公山自然保护区在豫、鄂两省交界的大别山西麓，因主峰——报晓峰（海拔768米）像一只引颈高啼的雄鸡而得名。面积约3000公顷。主要保护对象是森林生态系统及野生动物。保护区位于暖温带向北亚热带过渡地带，有生

报晓峰

物物种3000多种，其中植物2061种，列为国家重点保护植物的27种，如水杉、秃杉、珙桐等；国家重点保护动物53种，如金钱豹、小灵猫、大鲵、白冠长尾雉、环颈雉等。区内层峦叠嶂，沟壑纵横，峭石嵯峨，山间夏季清畅凉爽。鸡公山与庐山、莫干山、北戴河并称为中国四大避暑胜地，也是著名的游览地。

[十五、凉水自然保护区]

中国森林生态系统保护区。1980年建立。1997年列为国家级自然保护区。

凉水自然保护区周边风景

凉水自然保护区位于东经128°53′20″，北纬47°10′50″，黑龙江省伊春市境内，是中国最大的红松基地之一。主要保护对象为原始红松林、阔叶林。是研究林木生长、森林生态的重要实验基地之一。保护区面积12133公顷。境内基本上是山地，最高处为岭东山，海拔707.3米，一般相对高度100～200米。主要河流为凉水沟及其支流永翠河。保护区地带性植被是以红松为优势的针阔混交林，主要乔木树种有红松、臭冷杉、红皮云杉、鱼鳞云杉、落叶松、黄菠萝、水曲柳、榆、枫桦、紫椴、白桦、山杨等。

[十六、庐山自然保护区]

中国森林生态系统自然保护区。1981年建立。

庐山位于江西省九江市南，鄱阳湖西岸，北近长江，东濒鄱阳湖。庐山系第三纪末或第四纪初受喜马拉雅运动影响，因断层作用使地块上升而形成的断块山，呈东北—西南走向，面积约 34900 公顷。相传殷周时，有匡氏兄弟结庐隐居于此，故又称“匡庐”或“匡山”。

主峰大汉阳峰，海拔 1473.4 米，高出鄱阳湖平原约 1450 米。属中亚热带湿润山地气候，以春温、夏凉、秋爽、冬寒为特点。森林荫郁，植被丰富。海拔 1167 米的牯牛岭，简称牯岭，为庐山著名的避暑胜地。当江南暮春季节，庐山却正当桃李始华之际；长江中、下游盛夏酷暑时期，庐山却温和如春。牯岭平均年降水量 1833.6 毫米。雷暴较多，夏季平均雷暴日 39 天。庐山年平均雾日 191 天，3 ～ 5 月为多雾月，月平均雾日 20 天。庐山山体主要由砂岩构成，山势雄伟，加以降水丰富，故多泉水和瀑布，著名的有三叠泉、马尾泉、黄岩瀑布、玉帘泉、玉渊潭、双瀑等。三叠泉汇集五老峰和大月山的泉水，分三级飞泻，一级最大落差 60 米，气势极为雄伟。庐山多名胜古迹，主要有仙人洞、五老峰、含鄱口、三叠泉、大天池、香炉峰、文殊台、龙首崖、黄龙潭、庐林湖、白鹿洞书院、玉渊潭、乌龙潭、岳母墓、秀峰、周恩来纪念室等。庐山风景随季节变化，四季各有其胜。此外，在含鄱口北面山谷中的庐山植物园为中国著名南北植物驯化基地。山麓于 1990 年建成九江珍稀濒危植物种质资源库。山北、山南修建有登山公路和大型登山缆车。山区特产有石耳、石鱼、石鸡、云雾茶，药用植物有厚朴、黄精、党参、白芨、乌头等。1981 年建立自然保护区。保护区面积 30452 公顷。庐山的地质遗迹丰富多样，集元古宇地层、冰蚀地貌、断块山构造地貌、流水地貌于一体。地质公园内发育有距今 25 亿～ 18 亿年前下元古宇星子群剖面、地叠式断块山及第四纪冰川遗迹。

庐山天桥

[十七、墨脱自然保护区]

中国森林生态系统自然保护区。1980 年建立。1986 年列为国家级自然保护区。

墨脱自然保护区位于西藏自治区东南部墨脱县境内，喜马拉雅山脉东南麓，雅鲁藏布江大拐弯峡谷中。面积 9000 公顷。保护区以保护山地垂直植被及珍贵动植物为主要目的，以其完整的垂直带谱和丰富的动植物区系为特点。从雅鲁藏布江边的背崩村（海拔约 700 米）到南迦巴瓦峰顶（海拔 7782 米）相距仅 45 千米，高差 7000 米以上。在短短的几十千米内，几乎可以发现北半球湿润地区各种主要植被类型的顺序更替，这也成为从北极到中国海南岛植被类型的缩影。山地垂直地带性从下而上依次为热带雨林和季雨林、常绿阔叶林、针阔叶混交林、暗针叶林、高山灌丛、高山草甸及高山稀疏植被带。

墨脱自然保护区风光

保护区内共有珍稀植物 10 多种，主要树种有各种云杉、冷杉、铁杉、千果榄仁树、阿丁枫、西南紫薇、天料木、猴欢喜、藤黄、罗汉松、穗花杉及樟、楠、桂、栲等属。林寨周围有野生的香蕉、柠檬和柑橘等。此外有藤本油瓜、乔木白蛋果、破布子、油葫芦等油料植物及五眼果、三台花、钩藤、石槲、砂仁、虫草、贝母、大黄、党参等药用植物。珍奇动物 40 多种，主要有羚牛、长尾叶猴、云豹、金钱豹、孟加拉虎、小熊猫、毛冠鹿、黄腹角雉、灰腹角雉、红腹角雉、犀鸟等。

[十八、梅花山自然保护区]

中国珍稀动植物保护区。1985年建立。1988年列为国家级自然保护区。

梅花山竹林

梅花山自然保护区位于闽西南武夷山南段与博平岭之间的玳瑁山，龙岩市境内。面积22168公顷。梅花山属于玳瑁山脉，在地质上系一北北东走向的背斜构造，几乎全为花岗岩所覆盖；两侧为向斜，沉积了自古生代以来各地质时期地层。断裂构造控制了梅花山地貌的发育，形成断块山，平均海拔约1000米。梅花山海拔1777米，其北的最高峰石门山海拔1823米。梅花山又称梅花十八洞，以多珍稀动植物著称。地处中亚热带和南亚热带过渡地区，地带性植被为常绿阔叶林，以壳斗科、樟科为主。长苞铁杉、柳杉和杉木等针叶树生长高大，并与阔叶树混交，形成针阔叶混交林。此外，珍稀树种尚有红豆杉、三尖杉、钟萼木等。已发现的野生动物有红面猴、苏门羚、灵猫、豪猪、穿山甲等。

梅花山自然保护区是闽江、九龙江和汀江等河流的支流发源地，区内曲溪乡黄胜地是“水流三州顶”的地方，即三江流经之地。在连城南部龙岗一带留有古闽江注入古汀江的遗迹。因此，保护区是研究福建水系演变的绝好地区。

[十九、清凉峰自然保护区]

中国中亚热带常绿阔叶林和珍稀动植物自然保护区。1979年建立。

清凉峰山风光

清凉峰自然保护区位于安徽省东南部，介于歙县、绩溪县和浙江临安市之间。面积7811.2公顷，其中核心区2543公顷，缓冲区2085公顷，实验区3183.2公顷。清凉峰为皖浙边境西天目山最高峰，海拔1787.4米。属中亚热带湿润季风气候，温暖多雨，自然生态系统较完整，野生动植物资源丰富集中。野生植物有1570种。脊椎动物已发现有348种，其中兽类56种，鸟类200多种，爬行类50种，两栖类28种；昆虫1020种。被列为保护对象的植物有银杏、金钱松、南方红豆杉、香果树、华东黄杉、南方铁杉、安徽槭等25种。动物有梅花鹿、黑麂、金钱豹、猕猴、白颈长尾雉、红嘴相思鸟、穿山甲、大鲵等42种。

[二十、太白山自然保护区]

中国暖温带森林生态系统自然保护区。1965年建立。1988年列为国家级自然保护区。

太白山自然保护区位于陕西省西南部，地跨太白县、周至县、眉县，地处秦岭山脉中部。面积5万多公顷。主要保护对象是暖温带生态系统。秦岭主峰太白山海拔3767米，“山上山下分四季，六月太白有雪”。南北生物气候的过渡性质便成为保护区最突出的特点，形成了复杂、丰富的生物群类。从山麓到山顶依次分布着各种气候带和植被土壤带。①海拔1500千米，原始植被已遭破坏，多辟为农田和果园，只有少量的次生疏林，主要树种为麻栎、油松、侧柏、马尾松、青冈栎、竹类等。② 1500 ~ 2450 米为温带针阔叶混交林或落叶阔叶林带，主要有锐齿栎、油松林、红桦、华山松林。③ 2450 ~ 3350 米为针叶林带，上部为红杉林，下部为巴杉冷杉林，北坡有红桦混交林。④ 3350 米以上为灌丛草甸。具有暖温带、温带、寒温带和寒带的垂直分异，并残留有古冰川遗迹，对研究气候、地质的变化均具重要意义。

太白山云海

保护区有种子植物 1800 多种，其中有约 1000 种为具有各种价值的经济植物。野生动植物资源中有兽类 60 多种，鸟类 190 多种，还有部分两栖、爬行类及鱼类。保护区内国家保护动物以大熊猫、金丝猴、虎、羚羊、朱鹮和黑鹳等为代表。

[二十一、太鲁阁自然保护区]

中国台湾省最为雄伟险峻的风景区。1982 年建立。

太鲁阁自然保护区位于台湾岛中东部，花莲县东北，以中部横贯公路大禹岭至太鲁阁段为中心，向周边扩展，包括鲁阁幽峡、清水断崖、南湖大山、中央尖山、奇莱山、合欢山、太鲁阁大山等。面积约 9.2 万公顷。太鲁阁既具有山岳奇特景观，又以峡谷和断崖景观之雄伟险峻闻名。其中，太鲁阁至天祥间是一条 20 千米长的大理石峡谷，这就是太鲁阁幽峡。沿途溯立雾溪而上，两岸峭壁如削，青峰重叠，怪石嶙峋，云树迷蒙，仰视云天一线，立雾溪流经其中，蜿蜒如带，被称为“天下绝景”。崖下溪谷中，激流怒吼，奔腾而下。

太鲁阁自然保护区

各式各样的大理石纵横溪中，在阳光的照耀下，闪烁着彩色光芒，充满原始生态景观魅力。太鲁阁往西不到 2 千米处有仙霞隧道与长春桥相通，峡之南边有长春祠。流芳桥附近的三锥山脊，高达 1666 米。路旁风光雄伟壮丽，公路穿越大小隧道，故有“九曲洞”之名。

保护区内另一大景观为苏花公路上的清水大断崖，高约 700 米，号称世界第二大断崖，是清水山临太平洋之断崖，全长绵亘 21 千米，山势险峻，绝壁万丈。一面是峭壁插天，一面是浩瀚的太平洋，车行至此，上摩危岩，下临汪洋，白浪滔天，甚是惊险。其峡谷地形堪称世界奇迹，被形容是“最大的海洋（太平洋）与最大的陆地（欧亚陆块）相拥抱诞生的子嗣”。

［二十二、神农架自然保护区］

中国森林生态系统保护区。1982 年列为国家级自然保护区。1991 年加入联合国“人与生物圈计划”自然保护区网。

神农架自然保护区位于湖北省房县、兴山县、巴东县境内。面积 70467 公顷。主要保护对象是森林生态系统及珍稀动物金丝猴等。保护区地处中国东部低山丘陵向西部高山高原的过渡地带，以及中亚热带向北温带的过渡地区，是长江和汉江的分水岭，也是东西南北各种植物的交会点。山高谷深，地形复杂，湿润多雨，土质肥沃，并且保持了原始封闭状态，为各种植物的生长、繁衍提供了得天独厚的条件，有1000多个树种、1300多种中草药材。这里既有南方的苏门羚、毛冠鹿、灵猫、云豹、太阳鸡，又有北方的青鼬、狐等野生动物570多种，其中稀有、珍贵的有20种以上。川金丝猴是中国仅有的几种金丝猴中的一种，神农架是其最主要栖息地之一。

神农架风光

[二十三、武夷山自然保护区]

中国森林生态系统综合自然保护区。1979年建立国家级自然保护区。1987年9月加入联合国“人与生物圈计划”自然保护区网。

武夷山自然保护区位于福建省建阳市、武夷山市、光泽县、邵武市境内，是武夷山脉的最高地段，平均海拔1200米左右，最高峰黄岗山海拔2160.8米。面积5万多公顷，其中核心保护区面积3万多公顷，实验区面积2万多公顷。保护区是中国东南部天然植被保存最完好的地区，植物种类十分丰富，南北植物云集于此。现有植物3000多种，且多珍稀树种和名贵中药材，如银杏、楠木、花榈木、桂花木、降香黄檀、紫檀、香果树、亮叶青冈、红豆杉、钟萼木及厚朴、三尖杉、三节茶、十大功劳等。

高等野生动物兽类近100种，分属24科46属；鸟类260种；爬行类73种；

武夷山自然保护区风光

两栖类35种；山溪鱼类45种；昆虫4635种，有31目。国家保护动物有57种，如猕猴、大灵猫、小灵猫、黄腹角雉和红嘴相思鸟等。

武夷山主岭和主谷多呈北北东向，支岭和支谷则多呈北西向。溪流沿断裂不断下切，形成深邃峡谷。山谷高差悬殊，一般达200米左右，最大可达500米以上。高峻的地势在一定程度上能阻挡北方冷空气的入侵，且保护区距海不远，直距不到240千米，夏季从海上来的暖湿气流可以深入保护区，并被地形抬高，形成丰沛的地形雨。因此，温暖湿润是这里最主要的气候特征。复杂的地貌和气候分异，形成了许多不同的生态环境，为各种各样特性不同的生物提供了栖息、繁衍的场所。武夷山奇秀甲东南，有九曲溪、三十六峰、七十二洞、九十九岩，自然景色优美。

[二十四、西双版纳自然保护区]

中国热带森林生态系统自然保护区。1958 年建立国家级保护区。1993 年加入联合国“人与生物圈计划”自然保护区网。

西双版纳自然保护区位于云南省西双版纳傣族自治州境内。面积 241776 公顷。主要保护特有的包括千果榄仁、绒毛番龙眼林、望天树林、版纳青梅林的热带季雨林、绿色的物种资源库和珍稀的动物种群。属北热带季风气候，热量丰富，基本上是常夏无冬，年降雨量 1193 ～ 2491 毫米，干湿季明显。澜沧江两岸的原始森林是中国仅有的两大片热带雨林中的一片，是中国生物种类最丰富的地区之一。其中高等植物 4000 余种，有经济价值的食用植物、药用植物、油料植物分别为 200 余种、300 余种和 100 余种。珍贵用材树 100 余种，竹类 50 余种。几乎 50 % 国家重点保护的一、二级植物分布在这里。西双版纳也是中国动物区系最丰富的地区之一。这里分布着兽类 60 余种；鸟类 400 余种，约占中国鸟类种类总数的 1/3，其中云南特有的种类约 70 种；鱼类近 100 种；两栖类 32 种。在这些丰富的动物资源中，稀有珍贵的动物 250 余种，这里保存的野象、野牛、白颊长臂猿、懒猴、巨蜥、犀鸟、绿孔雀等都是国家一、二级保护动物。

西双版纳自然保护区野象

[二十五、长白山自然保护区]

中国温带森林生态系统综合性自然保护区。1960年建立。1980年加入联合国“人与生物圈计划”自然保护区网。

长白山自然保护区位于吉林省以白头山天池为中心的安图县、抚松县、长白朝鲜族自治县交界处。面积19.6万公顷。森林覆盖率87.7%。保护区内有森林、苔原、湖泊、温泉、瀑布。由于受地质变迁及气候影响，自然条件复杂多样，从低到高海拔相差1900多米，分异为针阔叶混交林、针叶林、岳桦林、高山苔原4个垂直植物带。自然保护区有植物2800余种，其中有经济价值的达800余种。陆栖脊椎动物300余种，其中东北虎、紫貂、梅花鹿、马鹿、鸳鸯和中华秋沙鸭等珍稀动物，为国家重点保护对象。保护区内典型火山锥体与山地垂直自然景观，为动物、植物、森林、生态、地质、地理、土壤和气象等多个学科的教学和科研提供理想场所。山水秀美，有苍翠的“长白林海”、奇花异卉、珍禽异兽及瀑布、温泉和火山遗迹等，是中国著名的游览胜地。保护区位于三江（松花江、图们江和鸭绿江）源地，对防止三江水源污染、保护沿江人民健康等有重要作用。

长白山风光

[二十六、阿尔金山自然保护区]

中国高原生态系统保护区。1983年建立。1985年列为国家级自然保护区。

阿尔金山自然保护区的高山湖泊

阿尔金山自然保护区位于北纬36°～37°38′，东经87°10′～91°18′，在新疆维吾尔自治区东南缘若羌县南部，北部为阿尔金山以南，南至新疆阿尔格山。保护区面积450万公顷，为中国最大的自然保护区，也是世界内陆面积最大的自然保护区。主要保护对象为以高山草甸草原与有蹄类动物为主的原始高原生态系统，包括高山湖泊、高山沙漠、岩溶地貌、各种珍稀野生动物和高山植物。保护区内已发现的野生动物300多种，主要有野牦牛、藏野驴、藏羚、盘羊、雪豹、野骆驼、黑颈鹤、猞猁、藏马熊、高山雪鸡、金雕、白肩雕、玉带海雕、藏雪鸡、胡兀鹫、原羚、岩羊、鹅喉羚、红隼等，其中属于国家保护的16种。这里保护着世界上1/3的野骆驼。保护区为地理研究空白区，是开展多学科研究、认识生物间的相互联系及生态变化规律的理想空间。

[二十七、羌塘高原自然保护区]

中国国家级荒漠生态系统自然保护区。1993年建立。

羌塘高原自然保护区位于西藏自治区藏北高原那曲地区的双湖县、尼玛县、安多县、班戈县、申扎县和阿里地区的改则县6县（外）境内。面积2471万公顷。主要保护对象是高原荒漠系统以及野牦牛等有蹄类动物。保护

羌塘高原自然保护区的野驴

区是中国内陆湖泊分布最集中的区域，面积500公顷以上的湖泊有307个，大于1万公顷的大湖有42个。湖泊总面积214万公顷，约占中国湖泊总面积的28%，占西藏湖泊总面积的88%。由于高原抬升，气候变干，湖泊退缩，自然环境变得十分严酷。有藏羚羊、藏原羚、野牦牛、野驴等珍稀动物。许多湖泊里有裸鲤、裸裂尻鱼和高原条鳅等高原特有鱼种。在湖滨滩地或湖心沙洲上有不少珍贵鸟禽品种，如赤麻鸭、棕头鸥、斑头雁、黑颈鹤等。

[二十八、珠穆朗玛峰自然保护区]

中国高山生态环境自然保护区。1988年建立。1993年列为国家级自然保护区。

珠穆朗玛峰自然保护区包括西藏自治区的定日县、聂拉木县、吉隆县、定结县的2个镇16个乡。面积338万公顷。人口约7.6万。自然保护区分为核心保护区、缓冲区和开发区3个类型。保护区地势北高南低，地形地貌复杂多样，平均海拔为4200米，但其最低处仅1433米，相对高差达7000米以上，形成独特的立体气候，表现为“山顶四季雪，山下四季春，一山分四季，十里不同天”的奇异景观。自然保护区有高等植物2348种，其中长叶云杉和西藏长叶松是中国仅见于此的珍贵树种。随地势和气候变化，植物生长呈垂直带谱分布，从低到高依次为山地亚热带常绿半常绿阔叶林、山地暖温带常绿针叶林和硬叶常绿阔叶林、亚高山寒带常绿针叶林和落叶阔叶林及灌丛、高山寒带冰原草甸系统。保护区内有哺乳动物53种、鸟类206种、两栖动物

8 种、爬行动物 6 种、鱼类 5 种，其中国家重点保护动物一级 9 种、二级 21 种。还发现了大量的热带植物化石和三趾马动物群化石，是研究青藏高原隆起，探索自然奥秘的理想地。全世界超过 8000 米的 14 座山峰中，这里拥有 5 座。保护区内高山峡谷和冰川雪峰极为壮观。珠穆朗玛峰为世界第一高峰。冰塔林位于珠峰脚下 5300 ～ 6300 米的广阔地带，是世界上发育最充分、保存最完好的特有冰川形态。由于海拔高，景色奇，被登山探险者们誉为世界上最大的“高山上的公园”。每年 4 ～ 6 月气候最佳，是登山的黄金时节。

[二十九、东寨港自然保护区]

中国国家级红树林保护区。1980 年建立。1983 年列为国家级自然保护区。

东寨港自然保护区位于海南岛东北岸，海南省海口市琼山区的东寨港，面积约 3337 公顷。东寨港自然保护区属于海洋海岸保护类型，主要保护对象是红树林生态系统。东寨港红树植物种类有 12 科 19 种，占东南亚种数的 80%以上，种数比太平洋群岛多 37%，比非洲马达加斯加多 50%以上。其中主要以红树科为代表，如红海榄、海莲、木榄、尖瓣海莲、秋茄、柱果木榄和角粟木等，树高一般 4 ～ 5 米，高者可达 9 ～ 10 米。林下水域有多种鱼、虾、蟹和贝类，以青蟹最有名。东寨港是火山玄武岩台地的海蚀堆积海岸，属淤泥质海滩，黏质壤土，土壤有机质丰富。世界上红树林分布局限于热带范围内，最北也不超过亚热带。

东寨港自然保护区内的红树林

[三十、锡林郭勒草原自然保护区]

中国温带草原自然保护区。1985年建立。1987年加入联合国“人与生物圈计划”自然保护区网。

锡林郭勒草原自然保护区位于内蒙古自治区锡林郭勒盟境内。总面积58万公顷。属锡林河流域，东高西低，海拔多在1000米以上。气候较干旱，地表水贫乏，土壤发生以钙化过程占优势，地带性土壤为栗钙土。植被主体类型为草原。野生动植物均具有蒙古高原特色。有高等植物74科299属658种，并有大量药用植物。野生动物有黄羊、狼、獾、狐、旱獭、鼬，以及各种啮齿类动物和鹰、百灵鸟等，并有多种昆虫。保护区重点保护对象有3类：①草甸草原。分布在东部低山丘陵及南部玄武岩台地一带。主要由线叶菊、贝加尔针茅、羊草占优势的生物群落构成，其中羊草草原面积最大。②典型草原。主要分布在锡林河中游塔拉，与相邻的丘岗相间排列，呈波状起伏，地形开阔，排水良好。大针茅、羊草草原在厚层壤质暗栗钙土中的发育达到十分完善和稳定的程度，具有内蒙古典型草原的代表性。③沙地疏林草原。分布在锡林河中上游，为东西长80千米，南北宽4～15千米的一条风积沙带。沙地分布有榆树疏林草原和残留的云杉、山杨、白桦、家榆、山杏等小片林木及各种沙生灌木丛和半灌木丛等。

锡林郭勒草原

第二章　中国野生生物类自然保护区

[一、巴音布鲁克自然保护区]

中国天鹅及其栖息环境自然保护区。1980年建立。1986年列为国家级自然保护区。

巴音布鲁克自然保护区位于天山山脉中段新疆维吾尔自治区和静县的巴音布鲁克草原上，海拔2400多米。面积约10万公顷。保护区清泉密布，港汊交错，水草繁茂，气候凉爽，环境清幽，且有多种昆虫、鱼类，饲料充足，是天鹅理想的栖息场所。世界上有6种天鹅，中国就有3种，即大天鹅、小天鹅、疣鼻天鹅。大天鹅又称黄嘴天鹅，是3种天鹅中数量最多的一种。此外，来此度夏的还有大白鹭、金雕、玉带海雕等珍贵鸟类。

巴音布鲁克天鹅湖

[二、霸王岭自然保护区]

中国野生动物自然保护区。1980 年 1 月建立。1988 年列为国家级自然保护区。

霸王岭自然保护区位于海南省昌江黎族自治县境内。面积 29980 公顷。主要保护对象为黑长臂猿及其栖息、繁衍的生态环境。霸王岭地处海南省中热带的中部，是海南山地西半部东北走向的山岭，海拔 1347 米。属海南山地穹隆体的主要部分，山地垂直带谱明显，是海南热带性针叶林海南松保存较好的地区。

多珍稀野生动物，主要有黑长臂猿（又称黑冠长臂猿）、海南猕猴、云豹、大灵猫、海南水鹿等。黑长臂猿是与金丝猴相近的珍贵动物，别名乌猿、人熊，属于哺乳动物进化到最高级的灵长目动物。长臂猿是四大类人猿之一，在中国仅见于云南西双版纳和海南岛，数量极少，仅残存几十只，被列为国家一级保护动物。

霸王岭的原始森林

[三、白水江自然保护区]

中国野生动物自然保护区。1963 年建立。1978 年列为国家级自然保护区。2001 年加入联合国“人与生物圈计划”自然保护区网。

石鸡

白水江自然保护区位于甘肃省最南部陇南市武都区和文县境内。面积 183799 公顷。保护区主要山峰有净各留山（海拔 3530 米）、黄土梁（3882 米）、摩天岭（2227 米）等。主要保护的珍稀动物有大熊猫、金丝猴、羚牛（扭角羚）、马麝及红腹角雉、蓝马鸡、雉鹑、石鸡等鸟类。

[四、布尔根河狸自然保护区]

中国野生动物自然保护区。1980 年建立。2014 年列为国家级自然保护区。

布尔根河狸自然保护区位于新疆维吾尔自治区东北部乌伦古河东支布尔根河段，靠近中蒙边界。保护区地处狭长河谷内，面积约 5000 公顷。主要保护对象为河狸及其栖息环境。河狸旧称海狸，是最大的啮齿类动物，居住于水边洞穴，有两栖动物的特点，以树枝、叶、根及水生植物为主要食物。中国河狸只见于阿勒泰的布尔根河、青格里河、乌伦古河流域，现残存少量。河狸皮毛为皮毛市场珍品。河狸臀部有储存香料的脂腺，分泌的香料称河狸香，为世界四大动物香料之一。保护区内现有河狸近 1000 只。保护区还有狼、狐、狸、乌鸦、喜鹊、原鸽、石鸡、沙斑鸡、鹰、隼、翠鸟、麻雀、啄木鸟、柳莺、草鸟等动物。

河狸

[五、呼玛河自然保护区]

中国野生动物和鱼类自然保护区。黑龙江省省级自然保护区。1982年建立。

呼玛河及其沿岸地带

呼玛河自然保护区位于东经123°03′～126°40′，北纬51°20′～52°35′，黑龙江省呼玛县和塔河县的呼玛河段及其沿岸地带。面积52050公顷。主要保护对象是大麻哈鱼、鳇鱼、哲罗鱼、细鳞鱼等特产鱼类。呼玛河沿岸是丘陵山区，多沼泽地和冲积平原。在丘陵山区生长着茂密的原始森林和天然次生林；在沼泽地和河边长满稗、两栖蓼、水葱、香蒲等水生植物。呼玛河水质清净，水域内有多种珍贵的冷水鱼类。岸边草地及森林中的野生动物主要有紫貂、水獭、麝鼠等珍贵毛皮兽。

[六、九寨沟自然保护区]

中国大熊猫及森林生态系统自然保护区。1978年建立。1988年列为国家级自然保护区。1992年定为世界自然遗产。1997年加入联合国“人与生物圈计划”自然保护区网。

九寨沟自然保护区位于四川省岷山山脉南麓的九寨沟县。面积6万多公顷。它以众多的湖泊、瀑布、森林构成了秀美的景色，为著名自然风景区。九寨沟共有大小不同、形状各异的湖泊108个，湖水晶莹清澈。断崖分布于上下海子之间，每当上海子湖水由断崖滴落流入下海子时，便形成一道道银白色瀑布。环绕九寨沟的群山，原始森林茂密，森林覆盖率为80%～90%。主要树种有岷江冷杉、黄果冷杉、紫果云杉、麦吊杉、圆柏、华山松、油松

等针叶树，阔叶树有红白桦、槭树、辽东栎、椴树、山杨等，共有植物1000种以上。林内有大熊猫、金丝猴、扭角羚、白唇鹿、梅花鹿、毛冠鹿、雪豹、马鹿、穿山甲及天鹅、鸳鸯、绿尾虹雉等珍禽异兽。

［七、芦芽山自然保护区］

中国野生动物及其生态环境自然保护区。1980年建立。1997年划为国家级自然保护区。

芦芽山自然保护区位于北纬38°35′～38°45′，东经111°50′～112°5′，山西省宁武、岢岚、五寨等县境内的管涔山林区。面积21453公顷，其中核心区约5600公顷。有褐马鸡、虎、原麝、梅花鹿等鸟兽，主要保护对象是以褐马鸡为主的野生动物及以华北落叶松、云杉次生林等为主的森林生态系和各类植物群系。芦芽山以太古宇片麻状花岗岩为主，上层部分有石灰岩。全区西北高、东南低。西有荷叶坪，北有芦芽山、黄草梁等著名山峰。区内地形复杂，沟壑纵横，高差1400多米。较大的沟有梅洞沟、圪洞沟、高崖底沟。自下而上，海拔1300～1600米是灌丛草原及山杨、油松和辽东栎带；1600～1800米是包

芦芽山秋日

括白桦、山杨、青杆和华北落叶松林混交林，间有油松和辽东栎的常绿针叶林及针阔叶混交林带；1800 ～ 2600 米为华北落叶松林、青杆、白杆，间有少数红桦带；2600 米以上为亚高山灌丛和亚高山草甸带。

[八、南滚河自然保护区]

中国野生动物自然保护区。1980 年建立。1994 年列为国家级自然保护区。

南滚河自然保护区位于云南省沧源佤族自治县南部南滚河流域。东、西、北三面环山。面积 50887 公顷。主要保护对象为亚洲象及其栖息的热带季雨林植被。保护区山体为横断山南段余脉、怒山山脉南延部分。地处云贵高原向缅甸掸邦山地过渡地带。窝坎大山为沧源境内最高峰，海拔 2605 米。芒库山、新寨山、木料山三个坡面构成保护区骨干地形。南滚河流经保护区中间，将其分割成东西对峙山岳。河东芒库山山势巍峨高峻，草本植物生长茂密，是野象、水鹿觅食、栖息的场所。西岸大河底、石头寨沿河一带，地势稍缓，顺山势往上，山顶部峭壁悬崖，蔚然壮观，是虎、豹、猿、猴出没之地。南滚河河谷切割深，海拔较低，谷地开口向西南，利于来自西南方向的暖气流进入谷地，因而在北纬 23° 左右的地区保留有一定面积的热带季雨林，主要树种有绒毛番龙眼、千果榄仁、白颜树。自然条件优越，植物种群多样、丰富，是各种珍稀野生动物觅食、栖息、繁衍的场所。亚洲象是主要保护对象，此外，还有白掌长臂猿、菲氏叶猴、懒猴、孟加拉虎、绿孔雀、犀鸟等稀有动物。

亚洲象

[九、南湾自然保护区]

中国野生动物自然保护区。1965年建立。省级自然保护区。

猕猴

南湾自然保护区位于海南省陵水黎族自治县东南部的南湾半岛上。面积1026公顷。主要保护对象是猕猴及其生境。南湾属于热带原始森林区，既有大面积的热带雨林，又有众多的珍稀动植物，并保存着原始状态的热带雨林环境。植被有砂生灌草丛、砂生刺灌丛和次生常绿季雨林三个类型。保护区有兽类16种，其中主要有猕猴、水鹿、赤鹿、豪猪、豹猫、穿山甲、大灵猫、小灵猫等。鸟类28种，其中主要有海南山鹧鸪、褐翅鸦鹃、戴胜、白胸翡翠、山斑鸠等。爬行类有蟒、眼镜蛇、银环蛇、灰鼠蛇和几种蜥蜴类。猕猴是十分珍贵的动物，也是主要保护对象。猕猴为医学、国防、航天技术等尖端科学研究部门的重要实验动物，亦供观赏，具有很高的科学价值和经济价值。

[十、卧龙自然保护区]

中国大熊猫及其栖息环境自然保护区。1963年建立。1975年列为国家级自然保护区。1980年列入联合国“人与生物圈”自然保护区网，确定为世界保护大熊猫研究中心。

卧龙自然保护区面积为20万公顷，以保护世界珍稀动物大熊猫及其自然生态系统为主要目的。保护区位于四川省阿坝藏族羌族自治州汶川县西南，距成都西北百余千米，东临岷江，西依四姑娘山，是四姑娘山（海拔6250米）与巴郎山（海拔5000米左右）之间的山间深谷，属四川盆地西缘邛崃山脉的

卧龙大熊猫研究中心

东坡、亚热带边缘向西南高山和青藏高原的过渡地带。这里山峰高耸，河谷深切，最低海拔 1218 米，最高山峰 6250 米，高差 5000 多米。终年气候温凉湿润，植物 2000 多种，主要有冷杉、云杉、铁杉、槭、桦及稀有的四川红杉、麦吊杉、红豆杉、水青杉、连香树、领春木、金钱槭等。在海拔 2600 ～ 3600 米地带，云杉和冷杉占绝对优势。在云杉、冷杉林下有着大量的箭竹和杜鹃。箭竹是大熊猫赖以生存的食料来源。因此，在海拔 2100 ～ 3600 米箭竹茂密的地带，便成为大熊猫主要的栖息地。保护区列入保护对象的珍稀动物种类占全国保护动物种类的一半以上。鸟类有 200 多种，兽类达 60 多种。其中，稀有珍贵动物 29 种，如大熊猫、金丝猴、白唇鹿、扭角羚、小熊猫、毛冠鹿、猕猴、雪豹、鬣羚、金猫及绿尾虹雉、红腹角雉、血雉等。

[十一、鄱阳湖自然保护区]

中国候鸟保护区。1983 年 6 月建立。1988 年列为国家级自然保护区。

鄱阳湖的候鸟——白鹤

鄱阳湖自然保护区位于鄱阳湖西部，赣江与修水的汇合处，江西省永修县境内。面积 22400 公顷。主要保护对象是白鹤等濒危珍稀候鸟及其越冬地——湿地环境。在 150 多种鸟类中，鹤类属于最珍贵的一类，通常有白枕鹤、白头鹤、灰鹤和白鹤 4 种鹤在鄱阳湖越冬。白枕鹤是这里冬季常见的最大种类鹤群，有 2200 多只。近年来，白鹤在鄱阳湖数量逐年增加。还有白鹳、黑鹳、鹈鹕、花脸鸭、黑嘴鸭等 20 多种濒危鸟类。冬季大约有 30 万只鸟类生活于此。草洲上有大群雁，共有 5 种，最常见的是鸿雁和白额雁。哺乳动物有江中的豚和草地上的河麂。

[十二、铁布自然保护区]

中国野生动物自然保护区。1965 年建立。省级自然保护区。

梅花鹿

铁布自然保护区位于四川省若尔盖县东部。面积 20000 公顷。主要保护对象为梅花鹿等珍稀动物。梅花鹿为国家一级保护动物，在中国境内有 5 个亚种。文献记载，梅花鹿经常活动于中国热带至温带的季风区。梅花鹿因其贵重的药用及观赏价值而遭滥捕，同时栖息环境也因各种因素而受到破坏，一些种类已经灭绝，现残存的亚种仅分布于四川北部、江西与安徽交界的丘陵山区。梅花鹿性情温顺，在保护区的山地森林中栖息，以嫩芽、树叶、野果等为食。雄鹿第二年开始生角，每年增加一叉，长至5岁时共分4叉便终止生长，鹿角为贵重药材鹿茸。此外，鹿胎、鹿脯、鹿鞭、鹿尾、鹿肾、鹿骨等均可供药用。

[十三、鸟岛自然保护区]

中国青海省青海湖西侧鸟岛的鸟类自然保护区。1975 年建立。

鸟岛自然保护区包括鸟岛及周围湖区。面积7850公顷。最主要的鸟类有斑头雁、棕头鸥、鱼鸥、鸬鹚、燕鸥、黑颈鹤、天鹅、赤麻鸭及其他鸭、雀、百灵鸟等10多种。每年大约有10万只鸟到这里繁殖幼雏。吸引它们来这里安家落户的是青海湖中丰富的鱼类资源。鸟岛不仅具有特殊的科研价值，而且也有极其宝贵而丰富的资源。

鸟岛风光

[十四、扎龙自然保护区]

中国珍禽及湿地自然保护区。1976 年建立。1979 年列为国家级自然保护区。1992 年列入《国际重要湿地名录》。

扎龙自然保护区内的丹顶鹤

扎龙自然保护区地处中国东北松嫩平原外围，黑龙江省齐齐哈尔市的栎林草原地区。面积约 210000 公顷。主要保护对象是丹顶鹤等。鹤类全世界共有 15 种，中国有 9 种，其中以丹顶鹤最为名贵。丹顶鹤主要在中国黑龙江省、俄罗斯、朝鲜和日本北海道一带生活繁殖。保护区河网密布，其中乌裕尔河和双阳河为无尾河，河流尾部散流形成大面积沼泽、草甸及小湖泡，成为丹顶鹤及其他水禽理想的栖息地。扎龙自然保护区共有 200 多种水禽。其中的鹤类除丹顶鹤外，还有白鹤、灰鹤、白枕鹤、闺秀鹤和白头鹤 5 种，大部分为国家一、二级保护动物。

[十五、盐城湿地珍禽自然保护区]

中国以丹顶鹤为主的珍禽自然保护区。1983 年建立，1992 年列为国家级自然保护区，同年 11 月 9 日加入联合国“人与生物圈计划”自然保护区网。

盐城湿地珍禽自然保护区位于中国东部沿海，北纬 32°48′ ～ 34°29′，东经 119°53′ ～ 121°18′。包括江苏省盐城市属响水、滨海、射阳 3 县和大丰市、东台市东部黄海沿岸。面积 247260 公顷。盐城湿地珍禽自然保护区是世界上较大的海涂湿地型自然保护区和最大的丹顶鹤越冬地，俗称栖鹤滩。主要保

盐城湿地珍禽自然保护区

护对象是丹顶鹤等珍禽及海涂湿地生态系统。保护区内共有鸟类400多种。其中国家一级保护珍禽14种。丹顶鹤又称白鹤、仙鹤，是中国一级保护珍禽，世界二级稀有濒危动物。盐城湿地珍禽自然保护区滩涂面积占中国滩涂总面积的19%。广阔的滩涂，丰富的动植物资源，适宜安宁的环境，众多的水洼、港汊，适宜丹顶鹤生存。每年10月下旬，丹顶鹤飞来盐城滩涂越冬，第二年春天再飞向黑龙江等地。

[十六、周至自然保护区]

中国野生动物自然保护区。1986年建立。1988年列为国家级自然保护区。

周至自然保护区位于陕西省周至县南部的秦岭北坡，是以保护和驯养金丝猴及保护整个生态环境为主要目的的自然保护区。保护区是国家一级保护动物金丝猴、羚牛、大熊猫的分布区，而且是金丝猴在秦岭分布最为集中的地段。金丝猴主要分布在海拔1500米以上的落叶阔叶林与针阔叶混交林中，有随季节变化而上下迁移的活动规律。玉皇庙、王家河和太平河一带，森林茂密，食物资源丰富，再加上人为干扰较小，因而是金丝猴分布密度最大的地区。羚牛主要分布在海拔 1400 米以上的地区，随季节变化有垂直迁移的习惯。大熊猫分布在保护区的西部。周至自然保护区与老县城自然保护区、太白山自然保护区、佛坪自然保护区连成一片，更有利于秦岭地区生物多样性的保护。

金丝猴

[十七、花坪自然保护区]

中国亚热带常绿阔叶林和银杉林保护区。1954 年始设林场，1961 年建立自然保护区。1978 年列为国家级自然保护区。

花坪自然保护区位于广西壮族自治区东北部龙胜各族自治县与临桂县的交界处。保护区面积约为 17400 公顷，距桂林市约 60 千米。银杉是第三纪孑遗植物中最珍贵的常绿针叶乔木，国家一级重点保护植物，在中国仅广西花坪和重庆南川区金佛山发现有自然分布的银杉疏林。保护区内地形复杂，地质构造古老，山势磅礴，峰峦连绵，海拔 1200 ～ 1600 米，最高峰蔚青岭 1778 米。气候属亚热带山地型，温暖湿润，冬冷夏凉，多雨多雾，平均年降水量约 2000 毫米。区内植物种类多达 1114 种，分属于 214 科 573 属，并成片保存有银杉及广东五针松、福建柏、红豆杉、鹅掌楸、樟木等名贵

花坪自然保护区局部景观

树种和稀有的紫竹、黑竹、四方竹等。杜鹃有16种之多。还有马尾千金草、鸡爪莲、独角莲、灵香草等名贵药材。动物资源500余种，有黑熊、青猴、野猪、角麂、獐、梅花鹿、野兔、角雉、白鹇、四川太阳鸟、钩嘴眉等珍禽异兽。溪流中有大鲵（娃娃鱼）和半鳞鱼。保护区仍保持有自然风貌，空气清新，风景迷人，是旅游胜地。

[十八、桫椤自然保护区]

中国唯一以桫椤为重点保护对象的保护区。1984年建立。

桫椤自然保护区位于贵州省赤水市南部。面积约13300公顷。保护区所在地是赤水河的一条支流。河谷深切，谷宽不过几十米，海拔较低，而周围则耸立着1400米的山岭，形成一个地形封闭、水热条件良好的生态环境，为桫椤的生长发育提供了良好条件。主要保护对象桫椤是国家一级保护植物，为木本蕨类植物，是一种起源古老的植物，远在古生代志留纪曾在地球上盛极一时，经过漫长的地质时代，尤其是第四纪冰川气候的严酷侵袭，濒于灭绝，现仅在世界上的少数地方幸存。桫椤分布范围较窄，数量较稀少。保护区桫椤生长发育良好，树干一般高3～5米，最高的8米，树干直径可至32厘米。在局部河谷地段，桫椤集中分布，形成以桫椤为主的植物群落。保护区内还分布有福建柏、黄连、天麻、八角莲、杜仲、红花木莲、桢楠、小黄花茶等珍贵稀有植物。

桫椤自然保护区甘沟景区

[十九、天目山自然保护区]

中国森林生态系统自然保护区。1956 年建立。1986 年列为国家级自然保护区。1996 年加入联合国“人与生物圈计划”自然保护区网。

天目山自然保护区地处东经 119°25′，北纬 30°20′，浙江省西北部临安市境内。保护区面积 4284 公顷，其中核心区 676 公顷，实验区 2497 公顷，缓冲区 915 公顷。主要保护对象是银杏、连香树、金钱松等珍稀植物。境内地势高峻，断层突出，奇峰怪石林立，深沟峡谷众多。天目山东北—西南走向，雄踞黄山与东海之间，由流纹岩及花岗岩组成。天目山多奇峰竹林，动植物成分复杂，种类繁多，珍稀物种荟萃，植被和植物资源可概括为“古、大、高、稀、多”，有“天然植物园”之美称。有苔藓类、蕨类、种子植物等各类植物，有哺乳类、鸟类、爬行类、两栖类、昆虫类等各类动物。有云豹、黑麂、白颈长尾雉、中华虎凤蝶等 37 种国家级保护珍稀动物。天目山被誉为“生物基因库”，为浙西游览胜地、江南宗教名山。

天目山

[二十、巴尔鲁克山自然保护区]

中国野生生物自然保护区。1980 年建立，原名巴旦杏自然保护区。

巴尔鲁克山自然保护区位于新疆维吾尔自治区裕民县境西南，巴尔鲁克山的多拉提沟和布尔干河分割的丘状台地上，为海拔 900 ～ 1200 米的低山平缓丘陵带。面积约 11.5 万公顷。

地榆

野巴旦杏又称野扁桃，为蔷薇科落叶小乔木，原分布于地中海沿岸、中东和中国，后因受冰期的影响，基本灭绝，现世界上残存甚少，所以颇为珍贵。野巴旦杏有很强的适应性，不怕高温，不怕严寒。南疆地区人工栽培的巴旦杏能抵抗 -20℃的严寒，而保护区的野巴旦杏在 -30℃时仍可安全越冬。野巴旦杏生长繁茂，4 月开花，8 月份果实成熟，如经嫁接，3 年即可结果。巴旦杏仁含油，可榨高级食用油，此外还含蛋白质和部分消化酶、杏仁甙等物质，营养丰富。保护区动物有乌鸦、喜鹊、椋鸟、赤狐、艾鼬、虎鼬、草兔等。植物有野巴旦杏及伴生植物红果山楂、野苹果、天山花楸、天山樱桃、细刺蔷薇、水杨梅、地榆等多种蔷薇科植物。

第三章　中国自然遗迹类自然保护区

[一、蓟县中上元古界自然保护区]

中国第一个国家级地质剖面保护区。1984 年 10 月建立。

蓟县中上元古界自然保护区位于天津市蓟县北部山区的津围公路以东。面积约 900 公顷。裸露的山岩断面有明显的层次，并且由下向上翘起，在地质学上称之为地质剖面。形成于距今 18.5 亿～ 8.5 亿年，在地质学上称之为“中、上元古宇”（元古宇曾被称为元古界）。属于地质遗迹类型，主要保护对象为中、上元古宇地质剖面。李四光认为，蓟县中上元古界自然保护区“剖面非常优秀，是‘震旦系’的标准剖面，在燕山地区的发育程度，不仅在中国，而且在欧亚大陆上，恐亦无出其右者”。该地区剖面顶底界面清楚、层型齐全、出露连续、构造简单，叠层石和微体化石丰富，其程度为世罕见。对于了解 18.5 亿～ 8.5 亿年前地球演变历程及重大地质事件的发生，探讨生命起源与进化，以及对层矿产生的预测都具有十分重要的理论和实际意义。该剖面被联

合国地质科学联合会确认为世界标准剖面。

[二、台湾阳明山自然保护区]

台湾阳明山自然保护区位于中国台北盆地东北面的阳明山区。

杜鹃

保护区以大屯山、七星山等火山群为中心，北至竹子山，南至纱帽山，西至洪炉山，东起自万里，经野柳、金山、石门、富贵角等至磺嘴山，均面临大海；东南起自龟厚村，沿大湖、五指山、金面山等山脊至台北市界；再绕士林、天母、新北投，西转埤子头，经桃源里，过小平顶、南势埔至三芝北为止。海拔 1000 ～ 2000 米，面积 11455 公顷。

区内最突出的旅游资源是独特的地质地貌景观，主要是金山断层在地表形成的一连串硫磺喷气孔，以七星山、纱帽山、面天山等16个火山圆锥地貌景观最具特色。山中有温泉、瀑布，层峦叠嶂，栖林葱郁，阳明山、大屯山的杜鹃花群十分艳丽。每年春天（2月下旬至4月初）是阳明山花季，杜鹃齐放，嫩枝鲜红，团团似锦，山花烂漫，樱花、杜鹃花漫山遍野，风光明媚，极为壮观。野生的杜鹃有西施花、小西施、大屯、金毛、满江红及红毛杜鹃等，故有“大屯春色”之美称。

美丽的杜鹃

[三、五大连池自然保护区]

中国地质遗迹自然保护区。1980年建立。1996年列为国家级自然保护区。

五大连池自然保护区位于黑龙江省五大连池市。面积100800公顷。区内有5个珠状排列的火山堰塞湖——头池、二池、三池、四池、五池，被石龙河贯串起来形成五大连池，是中国著名的火山胜地。这里有14座拔地而起的火山锥，组成五大连池火山群。其中旧期喷发的火山锥12座，是第四纪形成的旧期火山，山体表面有大量覆盖物，并恢复了生长茂密的森林；新期喷发

五大连池火山群远眺

的火山锥2座——老黑山和火烧山，位于中心地带，其最后喷发时间距今200多年（1719～1721），地面覆盖物较少，当年火山喷发后留下的火山景观跃然如初，成为当今地质工作者和游人主要探索、游览的对象。五大连池自然保护区是宏大的火山博物馆，是科学考察、休憩疗养和游览观光理想的、优美的场所。

[四、山旺古生物化石自然保护区]

中国地质遗迹自然保护区。1980年建立。

山核桃

合欢

山旺古生物化石自然保护区位于山东省临朐县城东北约20千米的角岩山麓。面积约120公顷，厚20米左右。蕴藏大量的1500万年前的生物化石。化石门类多，数量大，其中以植物化石最多。在晚中新世的地层中一共发现包括苔藓、蕨类、裸子植物和被子植物10余个门类，近200种。在这些化石中有温带分布较多的杨属、柳属、山核桃属、桦属、鹅耳枥属、榛属、椴树属等；也出现不少亚热带的榕属、合欢属、皂荚属、梧桐属等。保存的动物化石有昆虫（蜂、蛾、蜘蛛）、鱼类、两栖动物（蝌蚪、蛙）、爬行动物（蛇）、鸟类、哺乳动物（鹿、犀、貘、猪）等。化石保存完整齐全，清晰可辨，对于中国华东北部中新世生物群和黄海、东海大陆架矿产资源的开发，都具有一定的科学价值。

第四章　国外自然保护区

[一、别洛韦日自然保护区]

欧洲的原始森林保护区之一。1979 年联合国将别洛韦日自然保护区作为自然遗产列入《世界遗产名录》。

别洛韦日自然保护区位于白俄罗斯的布列斯特和格罗德诺州及波兰东部的苏瓦乌基、比亚韦斯托克、沃姆扎省境内。面积 11.65 万公顷。林区内有典型的种类繁多的东、西欧动植物群，分布有珍稀的欧洲野牛。曾是波兰和俄国君主的狩猎地。后波兰和白俄罗斯都在当地辟有自然保护区，如 1921 年波兰建立的比亚沃维耶扎国家公园，就是濒于绝种的欧洲野牛和烈性野马栖息地。拥有 54 种哺乳动物和 200 多种鸟类。森林中有 700 多种维管束植物、23 种阔叶和针叶树。园中的古树最高树龄达 800 多年。其中一株古老的槲树“雅基隆”，曾记录着 1409 年波兰国王弗拉斯拉夫·雅基隆率兵与条顿骑士团交战，以打猎充饥的史迹。

[二、贾河动物保护区]

喀麦隆最大保护区。位于国境南部，地处贾河上游盆地，南、北、西三面以贾河大河曲为界，东至洛米埃。面积 52.6 万公顷。

区内多丘陵及河间地，但地势起伏不大。在北纬 2°30′ ～ 3°25′，属热带雨林气候，平均年降水量 1570 毫米。水系多，森林密布，是野生动物栖息繁衍的理想环境。动物种类多，其中许多当地特有的珍奇动物尤为宝贵。大型动物有大象、野牛等，还有大猩猩、黑猩猩等类人猿。爬行动物有鳄鱼、陆地龟、变色龙以及许多蛇类。两栖动物多蟾蜍、青蛙等。鸟类中多犀鸟、鹦鹉、

非洲獴

蹄兔

猫头鹰、鹟等。罕见的珍奇动物长尾猴、獴、金猫、蹄兔等，更是区内至宝。盆地地形和大河曲的自然界线，有利于保护热带雨林生态系统。为保护可贵的资源，1950 年设立保护区。1987 年保护区作为自然遗产被列入《世界遗产名录》。

[三、恩戈罗恩戈罗自然保护区]

坦桑尼亚国家天然动物园。位于北部东非大裂谷，在马尼亚拉湖、纳特龙湖和埃亚西湖之间，阿鲁沙西 128 千米。

恩戈罗恩戈罗自然保护区以恩戈罗恩戈罗火山口为中心，面积约 810 万

公顷。恩戈罗恩戈罗火山口最高点海拔2135米，直径约18千米，深610米，形状像一个大盆，“盆底”直径约16千米，“盆壁”陡峭，面积达31500公顷，是世界第二大火山口，素有非洲伊甸园之称。其内又有许多火山口，如已形成深湖的恩帕卡艾山口、仍为活火山的奥尔多尼约·伦盖山、曾发掘出远古时代人头骨化石的奥杜瓦伊峡谷等。火山口周围山势险峻，林木葱茂，水源丰盛，适宜野生动物繁衍栖息。主要野生动物有犀牛、大象、狮、豹等，总头数在4万以上。马赛族牧民的牛群与野生动物在园内共同生活，互不相扰。坦桑尼亚政府在此设有生态科研机构和反偷猎搜捕队。

[四、马纳斯动物保护区]

印度东北部的自然保护区。1907年划为森林保护区，1928年改为动物保护区。

马纳斯动物保护区位于阿萨姆邦西北部，因开辟在马纳斯河两岸而得名。北以哈夸河和贝基河与不丹为界。面积28万公顷，海拔70米。夏季气温最高35℃，最低18℃；冬季气温最高24℃，最低7℃。平均年降水量4100毫米，绝大多数降水在夏季，11～3月雨量最少。过半面积长满高草，热带雨林和干燥落叶林作块状分布。其余地区有丰富的半常绿森林甚至针叶林，有285种双子叶植物和98种单子叶植物。生活着55种哺乳动物，其中21种被列入濒危动物名单。还有350种鸟类、36种爬行动物及3种两栖动物。这里的野水牛是印度唯一的纯种水牛群。

[五、宁巴山自然保护区]

西非跨国自然保护区，由几内亚东南洛拉省保护区和科特迪瓦西部达纳

水獭

穿山甲

内省保护区组成。1981年作为自然遗产列入《世界遗产名录》。

占地面积约17130公顷。宁巴山主峰在几、科边境上，海拔1752米，是西非第四高峰。含铁石英岩系和古老变质岩地层的地质基础，大幅度隆起的构造运动所产生的众多断裂，加上长期的侵蚀、风化作用，形成山谷交错、峰峦层叠的独特地质地貌特征。地处热带，降水丰富，海拔高度的变化形成独特的复合型山地生态系统，森林与草地相间，动物种类繁多，不少是当地特有种。其中各种多足纲动物以及各种袋鼩动物、软体动物和昆虫，更以数量大著称。还有一些珍奇动物，如无尾蛙、小蟾蜍，其独特之处在于胎生繁殖，无需经蝌蚪阶段。原始密林中还隐藏着一些濒临灭绝的动物，如獭鼩，世界上现存数量极少，仅生存在宁巴山中，极具保护价值。此外，保护区内还有会用石块制作工具的大猩猩，以及豹、疣猴、长尾猴、穿山甲、森林水牛、非洲羚羊、水獭等。在几内亚一侧，有著名的宁巴山铁矿，属含铁石英岩富铁矿，品位高达65%以上。

［六、普拉塔诺河生物圈保护区］

洪都拉斯的自然保护区。1982年被列入《世界遗产名录》，1996年和1997年两度被列入濒危世界遗产名单。

普拉塔诺河生物圈保护区位于洪都拉斯东北部，是联合国教科文组织命名的中美洲首个生物圈保护区。1980 年 7 月建立，占地 52.5 万公顷，旨在保护普拉塔诺河 100 千米流域内及其他河流部分范围内各种动植物。1997 年扩至 85 万公顷，北至加勒比海沿岸，东界帕图卡河，南至万布河，西至巴乌拉亚河。约 45％在格拉西亚斯-阿迪奥斯省境内，50％在科隆省，5％在奥兰乔省。区内是加勒比黑人、米斯基托人、佩奈人和苏穆人居住地。是众多物种的基因库，蕴藏着许多有待发现和命名的动植物。目前约 50％森林遭砍伐，过度放牧和刀耕火种使该地区正受到不可逆转的损害。

[七、武吉知马自然保护区]

武吉知马自然保护区是新加坡可以见到土生植物种最多的地方，是世界上生态系统最丰富的地区之一，是全球仅有的两个位于大都市内的热带雨林之一（另一个在巴西里约热内卢）。

啄木鸟

武吉知马自然保护区位于新加坡主岛中部，包括全国最高点武吉知马（意即锡山，海拔 165 米）在内。面积 164 公顷，其中山路陡峭的浓密原始热带雨林 66 公顷。建于 1883 年，一百多年来历经战乱，始终保存完好。植物种数超过北美洲，龙香香料为优势种，参天巨树高达 50 ～ 100 米。林间动物有长尾猴、飞狐猴、穿山甲、鼠鹿、雀鹛、卷尾、啄木鸟、蛙、蛇、蝎及繁多的昆虫。管理措施力求符合自然生态法则，如人行道以砂土路为主，让植物根系伸展自如；死树倒下不予清除，让它们成为自然界食物链的环节；要求参观者保持安静，不惊吓动物也不喂食等。处处尊重自然，尽量减少对自然领域的人为干扰。

[八、钦基 · 贝马拉哈自然保护区]

马达加斯加自然保护区。1990 年作为自然遗产被列入《世界遗产名录》。

环尾狐猴

鼬狐猴

钦基 · 贝马拉哈自然保护区位于马达加斯加中西部，东距首都塔那那利佛 300 千米。面积 15.2 万公顷。地处贝马拉哈高原，海拔 150 ～ 700 米，石灰岩广布。马南希卢河流经，有壮观的峡谷。平均年降水量约 1000 毫米，但由于石灰岩地表渗漏严重，多数植物不能获得充足的水分，少高大乔木，多灌木和猴面包树。独特的喀斯特地貌景观——尖针状石林闻名于世。有多种珍稀濒危动物，以狐猴最具代表性，包括环尾猿猴、冕猿猴、鼬猿猴、黑猿猴、领猿猴、指猿猴等 20 余种。

下篇

国家公园

由国家中央政府建立并正式确立依法用于保护自然资源的区域。具有促进环境和生态保护，促进科学知识普及和学术研究，增进人类身体和精神健康，以及繁荣经济等多种功能。在保证自然保护的前提下，国家公园在其规定的范围内允许开展适宜的消遣和旅游活动，因此在许多国家，国家公园成为重要的旅游地。国家公园兴起于美国，1872 年 3 月 1 日经美国国会批准，在怀俄明州建立起的黄石国家公园被确定为世界上第一个国家公园。尔后，国家公园在世界各地兴起。随着人类社会经济的发展，国家公园的概念与功能也在不断调整。一些国家公园也并非是“国家”所有，私营和地方都可以介入。根据世界自然保护同盟 1978 年发布的“保护区的种类、对象和标准范畴”，国家公园被列为第二类型，“保护区经营的主要目的是生态保护和游憩”。

第一章　亚洲

[一、大汉山国家公园]

马来西亚最大自然保护区。原名“乔治五世国家公园”。建于1938年。大汉山国家公园范围包括大汉山所在的彭亨、吉兰丹、丁加奴三州边境广大地区，面积4.3万公顷。

园内多石灰岩、石英岩、页岩等形成的高山峻岭，其中大汉峰海拔2187米，为马来西亚半岛最高峰。三州大河的源头支流多从大汉峰附近分流而下，溪流众多，有峡谷、岩洞和瀑布。保存有大片原始热带雨林，大树高60米，竹子长10米。林中气温约27℃，湿度80%，每公顷产氧气28吨，被誉为“净化暖房”。拥有多种动植物，包括800多种热带兰、250

马来貘

种鸟和300种鱼，昆虫多达万种以上。公园内久负盛名的动物有马来貘、象、马来虎、野水牛、吠鹿、麝鼠、豹猫、长臂猿、猴、犀牛、岩羊、水獭、大蜥蜴、树蛇、犀鸟、大鸢、林雉、歌鸲、翡翠等。园内有原住民族先努伊人，以吹筒射猎闻名。公园管理处设在瓜拉大汉，位于大汉峰南方约50千米、大汉溪汇入淡美岭河（彭亨河支流）附近，这里是国家公园的腹地。瓜拉大汉有登山小径直达峰顶，也有小艇溯淡美岭河及其支流而上。园中设有多处隐蔽所，用以观察早晚来盐地饮水的动物生态或先努伊人行踪；有树冠吊桥，可鸟瞰雨林上层结构与面貌。公园为游人举行讲座，介绍园内动植物生态及环保知识。

班犀鸟

[二、科莫多国家公园]

位于科莫多岛上，印度尼西亚东南部，在松巴哇与弗洛勒斯两大岛之间。面积将近3.4万公顷，丘陵起伏，气候干燥炎热，有树林和草场。只有一个村落在东岸海湾边，居民600多人。

该岛以其特有的珍稀物种科莫多龙而闻名。科莫多龙是世界上现存近30种大型蜥蜴中最大的一种，体长3～4米，身重135～150千克，一般可活40～50年，最长寿命可达100年。科莫多龙通常以小动物、鸟卵、龟蛋为食，唾液中含有剧毒，被咬伤

科莫多龙

的动物即使当时能挣脱，几天后也会因伤口腐烂而行动不便，从而成了巨蜥再度袭击的目标。遇到危险或十分饥饿时，它们会表现出惊人的进攻性。科莫多龙和恐龙是同族，远在6000万年前就出现于地球，现在世界上别的地方已见不到它们的踪影。1912年，科学家捕到一只活体，经研究，确定它为蜥蜴类中的一个新种，命名为科莫多龙。科莫多龙是爬行类中形象最近似恐龙的珍稀动物，1915年起受到保护。印尼将科莫多岛定为自然保护区，1980年设立国家公园。科莫多龙得以顺利繁殖，20世纪50年代只有几百只，90年代初据称已有5000只，分布范围也从科莫多岛向东扩展，包括巴达、林贾两岛及佛罗勒斯岛西南部，总面积达到59000公顷。国家公园的范围也确定为科莫多、巴达、林贾三岛及周边一些小岛。但划出一块地区，只以少数巨蜥让旅游者参观。1991年被联合国教科文组织列入《世界遗产名录》。

[三、盖奥拉德奥国家公园]

印度国家公园。位于拉贾斯坦邦东端，北方邦阿格拉以西50千米。公园轮廓略似半月，南北长9.5千米，东西宽7千米，面积2873公顷。

1900年初建，1981年列入《拉姆萨尔公约》世界最重要的湿地名单，翌年改为国家公园，1985年列入《世界遗产名录》。地处印度恒河流域亚马孙式森林区中，原为一片由人工开辟和维护的潮湿区。7～9月，洪水泛滥，平均水深1～2米；从10月到翌年1月，水位逐渐下降；到6月，积水就几乎退尽，仅余极少数水洼。整个公园被许多人造堤坝分割成10大块，

盖奥拉德奥国家公园一景

水位由堤坝的排水系统控制。公园周围地区植物稀少，唯有公园内有树木生长和灌木杂草遍布。入冬，来自阿富汗、土库曼斯坦及西伯利亚地区的大批水鸟到公园中聚集。公园中已发现的水禽超过360种，包括稀有的西伯利亚鹤及大量的鸭子、白鹳、白琵鹭、小鸬鹚、东方白鹮等。还有大量的猛禽如游隼、帕亚斯鹰、鱼鹰、蛇雕等。

[四、加济兰加国家公园]

印度的国家公园。位于阿萨姆邦中部，布拉马普特拉河谷一片洪水经常泛滥、历来荒无人烟的低平沼泽地上，面积45000公顷。

加济兰加国家公园里的犀牛

加济兰加国家公园初创于1908年，是印度最早建立的国家公园，又是印度北部几个基本未经人工干预、触动、改造过的自然公园之一，公认为是印度最完善的国家公园，1985年列入《世界遗产名录》。这里沼泽绵延，森林密布，人迹罕至；宽阔的浅水湖泊比比皆是，湖泊之间沟溪纵横。气温保持在10～35℃，降水主要集中在5～10月，平均年降水量2500毫米。植被以沼泽草本植物为主，细分为3个植被带，分别为潮湿冲积草原（约占公园面积的2/3）、半常绿热带雨林和常绿热带雨林。公园地区经过90多年的隔绝、封闭和养护，迄今仍保持着理想的原始自然状态，养育着大量哺乳动物，诸如虎、象、豹、熊、野水牛、沼泽鹿、白眉长臂猿、白肢野牛和黄麂等，尤以犀牛数量之大著称，已经超过1200头，占世界现存犀牛总数的 3/4，从而成为世界上最大的犀牛群体栖息地。还是鸟类的乐园，有数千种鸟禽生息其间。

[五、穆鲁山国家公园]

马来西亚六大国家公园之一，位于沙捞越州第四与第五两省，米里东南百余千米，靠近文莱边境，巴兰河上游梅尼瑙河畔，为一片原始热带林区。

面积 52.864 公顷，穆鲁峰海拔 2376 米，为东马来西亚第二高峰。1975 年定为国家公园。从 1977 年开始，科学家经过 1978 年、1980 年、1984 年、1989 年、1990 年几次大规模多学科考察，有惊人发现，特别是发现了堪称世界之最的巨大洞穴群。迄 20 世纪末，仍有 60％地区人迹未到，科考工作还在继续。已知的洞穴有 20 多个，原住民族穆鲁人住在洞中，给洞穴起了很多既写实又富于想象的名字，如清水洞、风洞、鹿儿洞、老鹰洞、隐谷、天堂园等。最大的洞穴口宽 2000 米、长 1000 米、高 250 米，面积有 16 个足球场大，容积巨大；其他洞穴也有宽 100 米或深 500 米的。清水洞的“隧道”测量到 25 千米还未到尽头，洞内有两条路，右路通圣女洞，洞中有天然形成的圣母马利亚头像，左路边有清澈的小溪流淌。老鹰洞内岩石的各种形状出神入化，有如人工雕琢的佳品。鹿儿洞内大群蝙蝠飞舞，声如闷雷，洞的南侧入口处有岩石重叠而成的林肯头像。妙洞的石笋和石钟乳形态奇特、蔚为壮观，有如红磨坊大厅的帷幕、宝塔笋、蘑菇、页状珊瑚虫、鹿角珊瑚等。洞穴群拥有大群生物，除蝙蝠外还有燕子、甲虫、蛾类等。为方便科考和旅游，雨林中修建有木板路，梅尼瑙河上有小艇。

[六、楠达德维国家公园]

印度国家公园。位于北方邦北部的格沃尔地区，西南距印度首都新德里330千米，面积6.3万公顷。

楠达德维国家公园

整个公园开辟在一个庞大的冰河期形成的盆地中，四面群山环绕，平均海拔超过3500米。被一系列相互平行的南北向山脉分割成条状。其中楠达德维峰由东西两峰组成，西峰是主峰，海拔7820米，东峰是辅峰，海拔7430米，二者相距4千米。附近群山较低，但海拔超过6400米的也有12座之多。它们犹如众多的“卫峰”，大体结成长约1123千米的圆环，参差罗列于楠达德维峰的四周。公园气候特异，直到6月中还有降雪。园区生活着麝、喜马拉雅羚羊、黑熊、黑棕熊、哈努曼长尾猴、雪豹等野生动物，还有50多种鸟类。自古就是禁地，传说凡擅自进山采摘花草、猎杀动物，都会受到严厉的惩罚。当地居民把楠达德维盆地奉为圣地，楠达德维即印地语“多福女神”之意。每年到供奉女神的寺庙祈祷时，人们都严格遵守这条古训。1988年，联合国教科文组织将楠达德维国家公园作为自然遗产列入《世界遗产名录》。

[七、尼亚国家公园]

马来西亚沙捞越州的洞穴公园。位于第四省首府米里西南16千米，尼亚河边。包括石灰岩的苏比斯山（海拔 394 米）的 30 多个溶洞，面积 3139 公顷。

洞穴外口不大，内部宽敞，有宽 244 米、高 60 米的大厅。洞中栖息着 500 万只蝙蝠和燕子，盛产含氮丰富的蝙蝠粪和品种珍贵的燕窝。20 世纪 50 年代以来科学家进行了一系列生物调查与考古挖掘，发现了介于蜥蜴和蛇之间的拟毒蜥蜴，4 万～5 万年前的人类及多种动物的骨骸，石器时代的骨器、介壳、石斧、石锤、陶罐、彩色壁画以及独木舟形木棺，还有中国唐、宋、明各时代的瓮、罐、瓷器、金属碎片及古船等，洞中还保留有一个世纪前采燕窝人住的小木屋。是研究东南亚洞穴生物、古人类、考古及历史学的重要基地，也是著名旅游胜地。

蝙蝠

[八、奇特旺国家公园]

尼泊尔国家公园。全称王家奇特旺国家公园。位于尼泊尔南部德赖平原上，北依默哈帕勒德岭，南紧靠印度边境，东与帕尔萨野生动物保护区为邻。

奇特旺国家公园以保护野生动物为主要任务，尤其以生息着独角犀牛闻名。独角犀牛目前世界上仅有 1200 头左右，濒于绝种。1973 年，尼泊尔政府为有效地予以保护，特别建立这个国家公园。这种独角犀牛在尼泊尔被视为国宝。它身高 2 米，体重达 2 吨多，头呈三角形，生独角，无毛；以进食青草为生，性情温和，一般不伤人。孟加拉虎也是公园的重点保护动物，此外还有多种野鹿、羚羊、猿猴、豹、野象及野猪等 36 种哺乳动物，水中有鳄鱼以及 350 多种飞禽。公园东北角辟有盖达野生动物营，可近距离观赏独角犀牛、野鹿、猿猴及飞禽等。

[九、萨加玛塔国家公园]

尼泊尔国家公园，也是世界海拔最高的国家公园。位于尼泊尔东部北侧的喜马拉雅山区，平面轮廓略呈椭圆形，西北和东北侧紧靠中国边境。面积124400公顷。因园区包括萨加玛塔（珠穆朗玛峰的尼泊尔语名，意为摩天峰）而得名。

由于地处超高山区，海拔变化又很大，造就了多样生态环境，适于多种动植物生长。同时萨加玛塔国家公园是世界著名的高山攀登区域。许多高峰海拔均在7000米以上，位于中国和尼泊尔边界的珠穆朗玛峰海拔8844.43米，是世界上最高峰。园区生息着信奉佛教的夏尔巴人以及他们的村庄和庙宇。夏尔巴人常年生活在高海拔山区，体力充沛，有良好的适应能力，可以在高原负重并疾步行进。1953年5月29日，在尼泊尔夏尔巴人协助下，英国登山队从南坡登上了峰顶。中国登山队则在1960年5月25日从北坡成功登顶。萨加玛塔国家公园作为自然遗产，于1979年被联合国教科文组织列入《世界遗产名录》。

[十、孙德尔本斯国家公园]

印度的国家公园。位于恒河河口地区的孙德尔本斯三角洲上，东侧与孟加拉国毗邻。“孙德尔本斯”一词来自孟加拉语，本意为“美丽的森林”。

原为一片生长着红树林的广阔沼泽地，陆地和水域面积共170万公顷，分属印度和孟加拉国。印度部分在西孟加拉邦境，1984年辟为孙德尔本斯国家公园，从而形成一个管理严格的自然保护区，1987年列入《世界遗产名录》。公园占地26公顷，园内低矮的红树林沼泽、海水中和海滩上生长的树林以及沙丘上生长的植被，为各种动物提供了天然的栖息地，繁育着印度最大的孟加拉虎群。在红树林沼泽地与海相通的水域里，出没着一些稀有的水生哺乳动物；有5种海豚，如恒河海豚、印度-太平洋地区弓背海豚和一种无鳍的海豚等。此外，还有罕见的海洋鳄鱼。别处的老虎多捕食陆生动物如野羚羊和野牛等，这里的老虎却极擅长游泳，从水中捕食鱼、巨蜥和海龟。

[十一、乌戎库隆国家公园]

印度尼西亚生物与地学国家公园。1991年作为自然遗产被列入《世界遗产名录》。分南北两区，南区是爪哇岛西南端乌戎库隆半岛及附近的帕奈坦岛，北区是苏门答腊岛南端的喀拉喀托群岛。海陆总面积136700公顷，其中陆地面积66600公顷。

喷发中的喀拉喀托火山

乌戎库隆半岛最高点巴戎山海拔480米，有丘陵与潟湖。帕奈坦岛最高点兰沙山海拔320米，南岸有开阔的海湾。这里远离爪哇岛人口稠密区，是生态环境优良的野生动物栖息地，原来有热带雨林和草地，生活着孔雀、原鸡、吠鹿、金钱豹、叶猴、长臂猿、野水牛、鳄、绿海龟等及多种鸟类和昆虫，1846年荷兰殖民者将该地作为狩猎场。喀拉喀托群岛在乌戎库隆半岛以北约64千米，有4座岛屿，其中喀拉喀托（面积1050公顷，海拔813米）、塞尔通（海拔190米）及朗岛鼎足而立。喀拉喀托岛1883～1884年发生一系列大爆发，喷出的火山灰厚厚地覆盖着乌戎库隆半岛、帕奈坦岛及周围大片地区，毁灭了地面上大部分动植物。喀拉喀托是世界上最活跃的活火山之一，至今仍有活动，一般多冒蒸气，大约每隔4分钟就轰鸣一声。1928 年，在上述鼎足而立的三岛中间冒出一座新生火山锥小喀拉喀托岛，一直在不断升高，1938 年高 88 米，1962 年高 132 米。这群火山岛的活动规律与印度洋及太平洋两大洋板块的关系成为地学探索的课题。

而随着岁月的增长，邻近地区生物种迁徙入境，乌戎库隆半岛逐渐恢复生机，成为研究生物种如何从无到有的发生、发育与演替的理想地区。为此，1921 年乌戎库隆成立禁猎区，1975 年发展为自然保护区，1980 年升格为国家公园，后来将喀拉喀托群岛划入。迄 20 世纪 50 年代初，园内已出现雨林和 1883 年前的许多动物种，还有爪哇虎与爪哇独角犀牛等珍稀动物。乌戎库隆半岛有温泉，多洞穴，植被苍翠，碧水蓝天，异常宁静。但严格执行国家公园及禁猎区的一切规定，有限制地开放，主要动物怀孕及哺乳期为静园期，每年大约有两个月。喀拉喀托岛也恢复了植被，70 年代起只供科研工作者、体育及文化旅游者登山考察。

乌戎库隆半岛热带雨林景观

第二章　非洲

［一、巴乌莱河湾国家公园］

马里西部自然保护区。位于巴科伊河支流巴乌莱河的河曲地带。

巴乌莱河湾国家公园处于典型的热带稀树草原区，气候干热，平均年降水量 700 多毫米。6～9 月为雨季；旱季盛吹来自撒哈拉沙漠的干热哈巴丹风，雨量稀少。园内密布禾本科、豆科等草类，并有稀疏的乔木和灌木。主要树种有牛油果（卡里特油果）树、猴面包树、

大羚羊

棕榈等。水源充足，栖息有多种草食和肉食动物。最常见的草食动物是大羚羊和小羚羊，其中最大的羚羊——“王羚”高达 1.7 米，是当地特有品种。肉食动物有狮、豹、狞猫、胡狼和鬣狗等。鸟的种类繁多，有鹧鸪、珠鸡、鹅、

鸭和鹭、鹤等各种野禽和肉食鸟类兀鹰、大鹫等。河中有多种淡水鱼、鳄鱼。11 月至翌年 1 月是理想的旅游季节。

[二、察沃国家公园]

肯尼亚最大的野生动物园，世界最大的野生动物保护区之一。位于肯尼亚东南部，内罗毕至蒙巴萨铁路和公路两侧。面积 208 万公顷。建于 1948 年。

公园被分成察沃西区和察沃东区。东部属亚塔高原，地势较平坦，热带稀树草原景观，散生猴面包树和金合欢树。有加拉纳河、阿西河、察沃河流过。西部为山区，熔岩广布，有高达 2500 米的火山锥，其南部著名的姆齐马涌泉附近形成大片湿地和绿洲。野生动物有象、狮、豹、猎豹、斑马、羚羊、长颈鹿、犀牛、水牛、河马、狷羚、黑斑羚、条纹羚、巨鳄、鸵鸟、鳄鱼等，尤以大象著名。还有织巢鸟、犀鸟、太阳鸟、金丝雀等 400 多种鸟类。肯尼亚著名游览胜地之一。西部为主要游览区，有多处旅馆，辟有专门狩猎场，还设有动物研究所。

察沃国家公园风光

[三、布温迪国家公园]

乌干达国家公园之一。

布温迪国家公园位于乌干达西南部，东非大裂谷西缘。面积 33100 公顷。海拔 1160 ～ 2607 米。年平均气温 7 ～ 20℃，年降水量 1130 ～ 2390 毫米。动植物丰富，有多种哺乳动物、360 多种鸟类及 200 多种蝴蝶；植物种类 324 种，其中 10 种为乌干达所特有。为保护园区生态环境，对每天参观大猩猩的人数有严格规定。

布温迪国家公园一景

[四、加兰巴国家公园]

刚果（金）自然保护区和旅游景区。位于东北部边境，北邻苏丹，面积 49.2 万公顷。建于 1938 年。

白犀

加兰巴国家公园地处刚果盆地东北缘阿赞德高原韦莱河上游，海拔 700 多米，热带草原气候，平均年降水量 1000 余毫米。园内热带草木繁茂，水源充足，野生动物以大象、白犀牛、河马、长颈鹿四种大型哺乳动物为主；南部有驯象站，饲养象群。因景观独特，自然保护卓有成效，1980 年被列入《世界遗产名录》。

[五、大林波波跨国公园]

非洲南部跨南非、莫桑比克和津巴布韦三国的国家公园。简称 GLTP。

紫貂

2002 年 12 月 9 日，三国首脑签署建立大林波波跨国公园的条约，由南非的克鲁格国家公园、莫桑比克的库塔达国家公园和津巴布韦的戈贡雷国家公园合并组成。面积 386 万公顷，为世界上迄今最大的跨国公园和世界级生态旅游点。气候冬温夏热，平均年降水量约 550 毫米，以夏雨为主。热带稀树草原景观，植物约 2000 种。哺乳动物 147 种，常见狮子、大象、长颈鹿、非洲大羚羊等，有杂色羚羊、紫貂、野狗等濒危物种。两栖类动物 110 种，鸟类 500 种。

[六、卡盖拉国家公园]

卢旺达野生动物园。位于东北部与坦桑尼亚交界处。以其秀丽的风景、宜人的气候和珍奇的野生动物闻名。

斑马

建于 1934 年。占地 21.6 万公顷，约占国土面积的 1/10。海拔 1250 ～ 1825 米。全园为热带灌木林、草原和原始森林所覆盖。卡盖拉河流经园区东界。山谷间镶嵌大小湖泊 22 个，伊海马湖面积 7500 公顷，已划为渔场。动物种类繁多，有象、犀牛、斑马、长颈鹿、河马、野水牛、蟒、豹、狮、鳄鱼等。

[七、丁德尔国家公园]

苏丹天然动物园。位于青尼罗省中东部和卡萨拉省南部，距首都喀土穆约470千米，其间有公路相通。建于1935年。

境内属丁德尔河和拉海德河冲积平原，海拔700～800米，面积达71.2万公顷。公园北部为灌丛草原，南部为森林，沿河两岸有棕榈林，此外还有沼泽地。公园地势低平，水草丰美，具有野生动物栖息生存的良好环境。园内主要有长颈鹿、瞪羚、大羚羊、小羚羊、狮子、野牛和鸵鸟，还有少数黑犀牛、豹、猎豹、大象、鬣狗、豺、水牛及雕、鹳、鹈鹕和鹤等。其中许多鸟类按照雨旱季节变化，在园内南北迁徙，往返成群，蔚为奇观。每年10月至翌年4月为公园最佳游览季节。游人可循指定路线驾车观赏各类野生动物。

长颈鹿

[八、尼奥科洛科巴国家公园]

塞内加尔最大的国家公园。位于国境东南、冈比亚河上游，西以库隆河为界，南抵几内亚边界。大体呈四边形，面积85万多公顷，是西非第二大国家公园。建于1952年。

尼奥科洛科巴国家公园地处热带季雨林与热带草原过渡地带。气温高，雨量较大，而且河网密集，主要有冈比亚河、尼奥科洛科巴河、库隆图河等，形成复合交错的生态环境。河谷地区既有沼泽、洼地，更造就茂密的热带季

黑猩猩

雨林长廊；而河间地区则属典型的热带稀树草原，是西非苏丹-几内亚地区难得的生态系统保存完好的地域。1981年作为自然遗产列入《世界遗产名录》。

据统计，公园内植物种类达1500余种，水生及陆地脊椎动物520多种。大型动物有1万～2万只，包括狮子、豹、大象、猩猩、河马、鳄鱼、野水牛、非洲疣猪、德尔贝羚羊、德尔比非洲大羚羊等。罕见的黑猩猩尤具科学价值，公园成为国际灵长类学者研究黑猩猩的重要场所。稀树草原上有大量飞禽，河中及沼泽洼地里生活着众多爬行类和两栖类动物。公园注意加强生态保护和旅游管理，划定旅游宿营地，还建立了一个旅游新村。

[九、戈龙戈萨国家公园]

莫桑比克国家公园和全国最大的野生动物园。位于莫桑比克索法拉省内。戈龙戈萨山海拔1868米，由火山活动形成。

1920年，戈龙戈萨山连同周围地区辟为国家公园。1935年定为禁猎区。面积约37.7万公顷。热带草原气候，平均年降水量约1400毫米。园内有林地、棕榈林、灌丛、草地、沼泽等多种生态景观。乌雷马湖位于园中心，是干

戈龙戈萨国家公园一角

季主要水源。园内物种多样，常见河马、黑犀牛、斑马、豹、狮、大象和各种羚羊（大羚羊、黑斑羚、侏羚、小苇羚等）。鸟类580多种。

[十、卡富埃国家公园]

非洲最大野生动物园之一。位于赞比亚中西部，跨南方省西北部、中央省西部和西北省东南部。面积224公顷。建于1950年。

卡富埃国家公园地处起伏平缓的高原上，流经卡富埃河及其支流卢富帕河和隆加河。热带草原气候，年降水量800～1000毫米，干湿季分明。园内植被丰茂，景观类型多样，有林地、灌木丛、草地和沼泽地。野生动物种类繁多，有河马、水牛、斑马、象、黑犀、狮、紫貂、矮羚、捻角羚、黑斑羚、马羚、大角斑羚、短鼻水羚、角马、林羚、小羚羊、鳄鱼等，还有豺、麝猫、香猫和猫鼬等小型食肉动物。鸟类400余种，常见的有鹤、鱼鹰等。河中鱼类丰富，有鲤科鱼、鲷鱼和梭鱼等。该公园为旅游胜地。

非洲大草原上的角马群

［十一、卡拉哈迪跨国公园］

非洲最早正式颁布的跨国公园。2000年南非和博茨瓦纳政府达成协议，将分属两国的卡拉哈迪大羚羊国家公园合并，组成跨国公园，统一管理。

卡拉哈迪跨国公园地处南非高原卡拉哈迪沙漠南部。面积约380万公顷。气候干燥，平均年降水量约200毫米；夏季气温可达40℃以上，冬季昼夜温差大，夜间气温在0℃以下。植被稀疏，以多刺灌木、草本植物为主。野生动物以羚羊为特色，包括大羚羊、小羚羊、跳羚等；还有印度豹、土狼、黑毛狮等。鸟类约280种，常见短尾鹰、秃鹰、苍鹰、猎鹰等。

跳羚

［十二、克鲁格国家公园］

南非最大的野生动物园。位于德兰士瓦省东北部，勒邦博山脉以西地区。毗邻津巴布韦、莫桑比克两国边境。1898年辟为公园，原名为萨比野生动物保护区，后经扩大，于1926年改今名。

克鲁格为荷兰人后裔，19世纪后期曾在境内建立南非共和国，多次率军与英军作战。此公园为他所建，故名。公园长约320千米，宽64千米，占地约200万公顷。园内一部分为多岩石的开阔草原，一部分为森林和灌木丛，北部还有众多温泉。有6条河流穿过公园。园中一望无际的旷野上，分布着众多的大象、狮子、犀牛、羚羊、长颈鹿、

猎豹

野水牛、斑马、鳄鱼、河马、豹、猎豹、牛羚、黑斑羚、鸟类等异兽珍禽。植物方面有猴面包树等。每年 6～9 月的旱季是入园游览的最佳季节。

[十三、马拉维湖国家公园]

世界上第一个淡水湖国家公园。位于非洲马拉维湖南端，由马克利尔角半岛及其周围地区 12 个小岛和 3 块陆地组成。面积 9400 公顷。建于 1980 年。

马拉维湖风光

园内有山崖、丘陵、沙滩、沼泽地和广阔的湖面。热带草原气候，年平均气温 22℃以上，平均年降水量超过 1000 毫米。林木苍翠，有棕榈、无花果、猴面包树、大戟属植物、芦荟、合欢、梧桐等。湖里生长着数百种鱼类，种类数量居淡水湖之冠，大部分是本地特有种，在世界上绝无仅有，以盛产各种美丽的热带观赏鱼著称。湖滨沼泽和小岛上草木繁盛，适宜鸟类栖息，有燕鸥、鱼鹰、黑鹰、翠鸟、水雉、朱鹭、白鹭等。野生动物有狒狒、猴、羚羊、河马、鳄鱼等。1984 年作为自然遗产被列入《世界遗产名录》。

[十四、南卢安瓜国家公园]

赞比亚国家公园。位于国土东南部，穆钦加山脉东南麓，卢安瓜河西岸。隔 30 千米的穆尼亚马济走廊与北卢安瓜国家公园相望。面积 905000 公顷。

建于1950年。

热带草原气候，年降水量1000毫米左右。热带稀树草原景观，常见的树种有猴面包树、黑檀树、象牙棕榈树、罗望子树等。非洲野生动物种类最丰富的地区之一，有大象、黑犀牛、鳄鱼、河马，斑马、狒狒、豹、狮、羚羊等60多种。其中羚羊的种类多达14种，以大羚羊和黑斑羚羊最多，还有小苇羚、杂斑羚和侏羚。鸟类400多种，包括40多种食肉鸟类。常见的有白鹳、冠鹤、食蜂鸟、鹰、秃鹫、犀鸟等。著名旅游胜地，园内设有旅馆。

白鹳

[十五、乔贝国家公园]

博茨瓦纳的野生动物国家公园。位于国土北部，乔贝河两岸。总面积约120公顷，约占整个乔贝区的60%。

鸵鸟

园域降水量丰富，植物茂密，特别是乔贝河流域有大片原始森林。林中栖息有狮子、犀牛、大象、斑马、豹子、羚羊、野牛、鬣狗、猴子、黑貂等。乔贝河和沼泽地里有鳄鱼、河马和鱼鹰、小蓝翠鸟、鸵鸟、野鸭、火烈鸟等。鸟兽种类达数百种以上。每年5～9月是旅游的黄金季节。游客乘坐有安全设备的汽车或小摩托艇入园，可看到丛林深处放哨的大象、群狮争食、鳄鱼伏在河岸晒太阳、群猴偷闯游客营地等场景。

［十六、瑟门国家公园］

埃塞俄比亚国家公园。位于国土西北部，古都贡德尔以北。面积16500公顷。

瑟门国家公园的狒狒

瑟门国家公园以顶部平坦、边缘陡峭的桌状高地和突兀耸立的山峰为特点，是埃塞俄比亚高原最高耸的地区，其中达尚峰海拔4620米，为全国最高峰。园内海拔3000～3500米地带多数已辟为牧场和农田，仅局部保留有刺柏、罗汉松等自然植被；3300～4000米为高山草地带，有欧石楠、山地半边莲等；4000米以上为冰雪带。野生动物种类繁多，不少属瑟门地区珍稀特有种，如山羊驯化前的远祖——沃利亚野羊，以及瑟门狐、吉拉德狒狒、食肉鸟髭兀鹰等，极具保护价值。1969年埃塞俄比亚政府辟建国家公园。1978年作为自然遗产被列入《世界遗产名录》。

［十七、塔伊国家公园］

西非最有特色的国家公园。位于科特迪瓦西南部，紧靠利比里亚边境，西面是科特迪瓦与利比里亚的界河卡瓦拉河，东面有萨桑德拉河；东西宽50千米，南北长100千米，面积42.5万公顷，包括平原和山地，海拔100～500米，是几内亚湾西部保存最完好、面积最大的原始森林。1953年建立塔伊森林保护区，1972年改为塔伊国家公园。

这片原始森林属典型的几内亚湾赤道雨林类型。树种繁多，达3000多种，其中40种为世界有名的商品树种，如非洲桃花心木、象牙海岸榄仁树、大绿柄桑、西非乌檀等。树种分布极为混杂，每千公顷森林中至少有200～300个树种。具有茂密而多层次的森林结构，包括高大乔木、小乔木、灌木、草本，还有众多藤本植物缠绕林木之间。同时它也是那里唯一留下的一大片供大象、河马、野牛等热带雨林大型动物藏身的重要栖息地。这种类型的赤道雨林生态系统，原本分布在几内亚湾沿岸从塞拉利昂到加纳之间的广大地区，但因长期森林砍伐和农业开垦而被陆续蚕食、分割，大片地从地面消失，塔伊原始森林是目前幸存的最大一片。深居内陆丘陵区，较为偏远，人烟稀少，进入森林的交通条件也差，这些成为建立保护区的有利条件。从1971年起，保护范围从原来保护以西非热带雨林中濒临灭绝的大型动物为主的动物区系，扩大到保护整个森林生态系统和生态环境，完整保护其宝贵的生物种质资源。1982年列入《世界遗产名录》。

非洲象

[十八、万盖国家公园]

津巴布韦西部国家公园。旧称万基国家公园。位于万盖市以南，西与博茨瓦纳接界。1929年辟为野生动物保护区。后与附近罗宾斯野生动物保护区合并为国家公园，总面积1465100公顷。

万盖国家公园地处卡拉哈迪盆地东缘，属半干旱区，年降水量570～650毫米，自然植被以稀树草原、灌木和草地为主，南部还分布沙丘。非洲最早、最大的大象禁猎区之一，现有大象20000多头。园内共有100多种野生哺乳类动物，如长颈鹿、斑马、野牛、黑犀牛、狮子、豹、野狗、鬣狗、角马、

卡拉哈迪羚羊

羚羊等。此外，还有400多种鸟类。当地居民和志愿者在开辟水源、禁猎巡逻、救助受困动物等方面共同努力，一些濒危物种已得到保护。园内设野营地、旅馆、加油站等，有道路480多千米。经由万盖市的对外交通有铁路和公路。

[十九、维龙加国家公园]

刚果（金）国家公园和自然保护区。位于东部边境，毗邻乌干达鲁文佐里国家公园和卢旺达火山公园。建于1925年，范围南至基伍湖北岸，东北为鲁文佐里山，南北狭长，面积815200公顷。附近居住有俾格米人。

园内地貌、气候、植被类型多样，呈现东非大裂谷山地断层湖带壮丽独特的自然景观。中部大多为爱德华湖所占据。该断层湖海拔913米，长77千米，宽42千米。湖以北的鲁文佐里山跨刚果（金）与乌干达两国，为一巨大地块，有冰川和积雪，西侧雪线海拔4846米；最高点斯坦利山的玛格丽塔峰海拔5109米，气势雄伟，是非洲第三高峰。中南部爱德华湖与基伍湖之间，有活火山、死火山、熔岩流、热泉、河谷、瀑布、冲积平原等多种景观，著名的有维龙加火山群、鲁丘鲁瀑布等。火山群包括8座火山，平均海拔2500米左右，其中尼拉贡戈火山海拔3470米。园内气候、植被因地形而不同。维龙加山多雨区年降水量1500～2000毫米。山

大猩猩

区植被呈垂直分布，从热带森林变化到非洲高山植物；中南部有塞姆利基河谷的热带森林、鲁因迪-鲁丘鲁平原的热带草原、活火山的稀疏林带和死火山的竹林带等类型。园内多野生动物，著名的有黑猩猩（活火山区）、大猩猩（竹林区）、象、河马等。还有狮、野牛、羚羊、各种鸟类（包括鸬鹚和秃鹳）和鱼类、野犬、土豚等。

［二十、圣弗洛里斯国家公园］

中非共和国国家公园。在国境东北，处于瓦卡加河与万贯河之间，向北一直延伸到卡默尔河南岸。面积约 22 万公顷。

珠鸡

植被以萨瓦纳为主，沿河有走廊林，人烟稀少。野生动物种类多、数量大，有珠鸡、各种羚羊、狮子、野牛、犀牛和大象，尤以狮子、野牛密度大著称。公园旁附设有专供旅游者休闲打猎的观光狩猎场。从首都班吉有公路干线经恩代莱抵达公园。恩代莱为中非东北部的旅游中心。

第三章 欧洲

[一、阿布鲁佐国家公园]

意大利国家公园。位于亚平宁山脉中段，西距罗马约 90 千米。1923 年 1 月 2 日按皇家第 257 号法令建立。经数次扩展后的面积为 4.4 万公顷，包括拉奎拉、弗罗西诺内和伊塞尔尼亚三省的 22 个城镇。海拔 700 ～ 2200 米。

境内多古冰川地貌和喀斯特现象。桑格罗河为主要河流，并有维沃湖等一些天然湖泊。河谷地多葱翠的蔬菜地和白杨、柳、桤等树林。较高处为亚平宁山地典型的以山毛榉占优势的森林带，林中游隼、金鹰、苍鹰与啄木鸟等鸟类十分丰富；也是重要的珍

亚平宁山脉风光

贵濒危动物的栖息地。其中马尔西坎棕熊是公园的标志，由于采取严格的保护措施，现约有 80 只活动在境内和附近山区。此外，还有稀少的亚平宁狼、阿布鲁佐小羚羊和红鹿等约 30 种哺乳动物。森林带以上较高海拔处遍布草地。1980 年，公园自治委员会将全园划分为 4 个区（完全保留区、一般保留区、保护区与开发区），对全园进行严格管理，但对旅游业则有较灵活的规定。佩斯卡塞罗利是公园总部所在地，并被开发为滑雪胜地，附近有野营地和旅馆。有公路、铁路通罗马。

[二、比亚沃维耶扎国家公园]

波兰境内的国家公园。位于波兰东部比亚沃维耶扎森林区中部，勒斯纳河与布格河支流纳累夫河流域之间，毗邻白俄罗斯。波兰和白俄罗斯在此共同建立了自然保护区。

比亚沃维耶扎国家公园冬季景观

公园始建于 1921 年。面积 23800 公顷。园内分布着广阔茂密的原始森林和珍稀动物群。共有 40 个植物群落，632 种维管束植物，其中 443 种为特有种，主要树种有挪威云杉、欧洲落叶松、欧洲赤松、欧洲冷杉、欧洲栎、欧洲桦、欧洲椴、欧洲山杨等，其中最多的是挪威云杉。古树树龄可达几百年，最长者达 800 多年。这里是濒于绝种的欧洲野牛和烈性野马栖息地，野牛经过人工保护，已有 400 多头。有哺乳动物 50 多种，鸟类 200 多种，主要有驼鹿、猞猁、河狸、鬃犎、狍子、鹅、鸭、天鹅、黑鹳等。园内辟有特定的狩猎场。此外，公园内还有一些记载某些历史事件的文化遗迹。1979 年联合国世界遗产委员会决定把这里作为第一批 57 项文化与自然双重遗产之一列入《世界遗产名录》。

[三、大帕拉迪索国家公园]

意大利建立最早的国家公园。位于意大利西北边境与法国交界处，毗邻瓦诺伊塞国家公园，东南距都灵约 45 千米。面积 7 万公顷。

大帕拉迪索国家公园地处阿尔卑斯山地区，海拔高度自谷底的 800 米至大帕拉迪索峰的 4061 米不等。最初计划为保护濒危的阿尔卑斯野山羊，现已成为公众步行、登山、游览和探索高山奇妙世界的胜地。境内按垂直高度，由灌木林与山毛榉林、落叶松与冷杉林、草地与众多的湖泊、雪峰与冰川组成一个完美、丰富、多样的高山生态环境。低海拔的阔叶林带有树鹨和各种各样的鸣禽，高海拔的针叶林带有金鹰、枭、松鸡与红嘴山鸦等鸟类。公园哺乳动物丰富，有珍稀的阿尔卑斯野山羊以及山地野兔、松鼠、貂、红狐、獾和鼬等。公园辟有步行小径、营地和旅社。游客通常从奥斯塔进入公园。每年初夏游客甚多。

松鸡

[四、加拉霍奈国家公园]

西班牙国家公园和自然保护区。

加拉霍奈国家公园位于大西洋加那利群岛戈梅拉岛中部。建于 1980 年，占地 398400 公顷，包括加拉霍奈峰（海拔 1484 米）和小片高原（海拔 790 ～ 1400 米）。园中多地中海类型植物，以月桂最多，栖居月桂林中的桂冠鸽和长趾鸽为罕见的珍贵品种。气候温和，少雨多雾，蕨类植被生长茂盛，树干上长满地衣和苔藓。

[五、普利特维察湖群国家公园]

克罗地亚以高山湖群为特色的国家公园。位于国土中部利卡地区，距首都萨格勒布约160千米。1949年建园划定园界，面积29492公顷。

流经石灰岩、白云岩地区山间峡谷的科纳拉河，因溶于河水中的碳酸盐不断沉积，水流不畅，逐步形成一串高低、大小不一的湖群。共16个湖泊，面积合计约2000公顷，南北延伸约10千米。湖水漫溢跌落，形成瀑布和水帘，将湖群串在一起，蔚为壮观。南部园内密布以山毛榉、杉树、刺柏等为主要树种的原始森林，有熊、狼、羚羊、狐、鹿等野生动物以及各种飞鸟羽禽。1979年被列入《世界遗产名录》。

普利特维察湖群瀑布

[六、瑞士国家公园]

瑞士东南部格劳宾登州境内的国家公园。1914年建立，1959年扩大。

阿尔卑斯山区的牧民

公园面积16900公顷，由阿尔卑斯山中部壮丽的风景区组成。最初是为科学研究而建立的自然保护区。禁止伐木、放牧、采花、打猎或钓鱼。公园内有罕见的阿尔卑斯山地植物。野生动物有阿尔卑斯山羊、小羚羊、红鹿、狐狸、貂、土拨鼠及鹰和其他鸟类。有几条公路穿过，步行小道四通八达。

[七、多尼亚纳国家公园]

西班牙最大的国家公园，也是欧洲最大的自然保护区之一。

多尼亚纳国家公园位于西班牙南部的韦瓦省和塞维利亚省，地处瓜达基维尔河三角洲。面积 50700 公顷。由湿地、沼泽、灌木丛、海岸沙丘组成。主要有麝香草、香草等珍稀植物，还有濒临灭绝的猞猁、紫水鸡、皇帝鹰、黑背鸭等珍贵动物。移动的沙丘、海滩、沼泽是野鸭等游禽类和鹰等猛禽的天然栖息地。1994 年作为自然遗产列入《世界遗产名录》。

多尼亚纳国家公园景观

第四章 北美洲

[一、奥林匹克国家公园]

美国华盛顿州以原始温带雨林著称的国家公园。位于该州西北部的奥林匹克半岛上。1909 年设国家保护区。1938 年以奥林匹克山地为中心建立国家公园。面积 373400 公顷。

主峰奥林波斯山海拔 2428 米，为山地最高点。面迎太平洋暖湿西风气流的山地西坡，是美国本土降水最多的地区，平均年降水量 3600 毫米。在温带湿润气候条件下，这里遍布高大茂密的原始森林，如锡特卡云杉、道格拉斯冷杉、铁杉、侧柏、云松、云杉、槭树等；林下分布层次分明的丛林和附生植物，直至地面的地衣、苔藓和蕨类层。林

浣熊

相颇似热带雨林，故称“温带雨林”。背风的山地东坡，降水骤减，森林茂密程度显著逊于西坡。公园另一特色是分布有60多条活动冰川。园内生境多样，除山地绿树外，还有滨海滩地、小湾，以及众多的河流、湖泊和大片的草地等，栖息着各种野生动物。主要有美洲狮、黑尾鹿、黑熊、浣熊和水獭、海豹、海狮等，还有罗斯福麋鹿、本南特貂、斑纹猫头鹰、游隼等珍稀濒危动物。1981年，奥林匹克国家公园被联合国教科文组织列入《世界遗产名录》。

[二、班夫国家公园]

加拿大第一个国家公园，避暑胜地。位于阿尔伯塔省西南部，与不列颠哥伦比亚省交界的落基山东麓。1885年建立，面积67万公顷。

班夫国家公园景色

公园内有一系列冰峰、冰河、冰原、冰川湖和高山草原、温泉等景观。公园中部的路易斯湖，风景尤佳，湖水随光线强弱，由蓝变绿，漫湖碧透，故又称翡翠湖。湖畔群山环绕，层峦叠嶂，景色清绝。沿落基山脉，有多处冰川湖泊。园内植被主要有山地针叶林、亚高山针叶林和花旗松、白云杉、云杉等。另外还有500多种显花植物。主要动物有棕熊、美洲黑熊、鹿、驼鹿、野羊和珍稀的山地狮、美洲豹、大霍恩山绵羊、箭猪、猞猁等。公园建有现代化旅馆、汽车旅馆和林中野营地。从山下到山顶有悬空索道。峰顶建有楼阁和观望台，游人可凭栏远眺周围景色。路易斯湖畔有古堡酒店。班夫镇有艺术中心和博物馆，每年入夏，印第安人在这里搭起帐篷和舞台，穿上民族服装，向游客表演民族歌舞。公园入口处附近有一座华人岭，据说因19世纪大批华人修铁路时在这里居住而得名。

[三、大蒂顿国家公园]

美国怀俄明州西北部壮观的冰川山区公园。1950年设立。占地125663公顷。

园内蒂顿山脉最高峰大蒂顿峰海拔4190米，有存留至今的冰川。分布在当地的冰湖以珍尼湖最为著名。斯内克河上用水坝拦堵形成的杰克逊湖为当地最大的水域。园内有成群的美洲野牛、麋鹿和羚羊，温暖季节各种野花盛开，有些在雪中即已绽蕾。溪水中多游鱼。

麋鹿

[四、大雾山国家公园]

美国东部以原始山林荒野和动植物种类丰富多样著称的国家公园。位于田纳西州东部和北卡罗来纳州西部的南阿巴拉契亚山区。面积211200公顷。1934年建园。1983年被联合国列入《世界遗产名录》。

园区内山峦起伏，有10余座海拔1800千米以上的山峰。亚热带暖湿气候，植被繁茂。山林上空常年笼罩薄雾，“大雾山”因此得名。有1450种维管束植物，其中乔木130多种。40%以上山林为原始林，从山地上部的云杉、冷杉到山麓地带的糖槭、栎、铁杉、鹅掌楸、山月桂、银钟花树、黄桦等。乡土植物有130多种。第四纪冰期时为北美洲植物的庇护所，拥有大片北极第三纪植物遗迹。栖息30多种哺乳动物，如美洲狮、黑熊等。爬行动物中有乌龟7种、蜥蜴8种、蛇类23种。两栖动物种类繁多，尤以蝾螈为最，其中赤面蝾螈为园区特产。山溪水流生活着70多种本地鱼类。鸟类达200多种，包括濒临绝灭的迁徙性鸟类游隼和稀有的红花结啄木鸟。园内保存有19世纪中叶拓荒时期留下的原始房舍。当时东部移民们多数受内陆广袤土地吸引，跨越包括大雾山在内的阿巴拉契亚山区向西迁徙，而忽略对山区本身的开发，大雾山地区原始山林得以保存。

大雾山国家公园原始山林景观

[五、大峡谷国家公园]

美国国家公园。位于亚利桑那州西北部的科罗拉多高原上。

科罗拉多大峡谷是世界陆地上最长的河流峡谷，位于美国亚利桑那州西北部的科罗拉多高原上，在科罗拉多河中游河段。因第三纪上新世时高原大幅度抬升、河流强烈下切而成。大峡谷从州北界附近支流帕里亚河汇入河口起，

科罗拉多大峡谷景观

西至内华达州界附近的格兰德沃什陡崖，全长446千米。谷深约1600米，最深处1829米。谷宽6.5～29千米，往下收缩，呈V字形。谷底水面宽度不足1千米，最窄处仅120米。河流曲折蜿蜒，河床坡降大，水流湍急。水深10～15米，夏季周围山地冰雪融水下注，水深增至15～18米。谷壁呈阶梯状，南壁海拔1800～2100米，气候干暖，植物稀少；北壁比南壁高400～600米，气候寒湿，林木苍翠；谷底海拔760～800米，气候干热，呈荒漠景色。从谷底向上，沿崖壁出露着从元古宙到新生代的各期岩系，水平层次清晰，并含有代表性生物化石，有"地质史教科书"之称。岩性软硬不同、颜色各异的岩层，被外力作用雕琢成千姿百态的奇峰异石和峭壁石柱，随着晖明阴晦的天气变化，水光山色变幻无穷，蔚为奇观。大峡谷及其两侧高原地区的有机界包括1500种植物、355种鸟类、89种哺乳动物、47种爬行类动物、9种两栖类动物和17种鱼类。

1919年美国国会通过法案，将大峡谷最壮观的一段及其附近地区正式辟为国家公园，面积272800公顷。1975年国家公园扩大，加上原先的大峡谷国家保护区和马布尔峡谷国家保护区，以及部分格伦峡谷国家休养地和米德湖

国家保护区，总面积达 492900 公顷。1980 年被联合国教科文组织列入《世界遗产名录》。

[六、大沼泽地国家公园]

美国以保护亚热带沼泽湿地环境及其生态系统著称的国家公园，也称埃弗格莱兹国家公园。1934 年国会通过建立大沼泽地国家公园法案。1947 年建成。1979 年被联合国教科文组织列入国际生物圈保护区和《世界遗产名录》。

大沼泽地国家公园位于佛罗里达半岛最南部，包括南临的佛罗里达湾。面积 610900 公顷。公园所在地为一向南缓倾的石灰岩浅盆地，气候暖湿，平均年降水量约 1500 毫米。每年 6 ～ 10 月雨季，北面奥基乔比湖等大小湖泊和众多河道水溢，河水流经半岛南部园区注入佛罗里达湾，部分滞留浅盆地，形成大片泽国，雨季过后留下沼泽湿地。其中沼泽占公园总面积 1/7 以上。水域密布各种草类，当地塞米诺尔印第安人称之为“帕美奥基”，即“长草的水域”之意。地势稍高的小岛，则林木丛生，包括棕榈、柏、落羽松、橡树、榕树等，林下生长大量蕨类和兰科植物；沿海地带分布浓密的红树林。

独特的生态环境，哺育各具特色的野生动物群。沼泽湿地和红树林是各种水禽的栖息地，如苍鹭、白鹭、琵鹭、鹈鹕、鹳等，还有美洲短吻鳄、白头海雕（美国国鸟）等珍稀动物。众多小岛栖居着白尾鹿、美洲豹、浣熊、

大沼泽地景观

猞猁、山猫、负鼠、灰松鼠以及蛇、龟等爬行动物。沿海水域有150多种鱼类，并是著名的佛罗里达海牛保护基地。

多年来，为保护大沼泽地原始生态环境，政府采取了一系列措施，包括控制农地开发和排水工程、恢复自然水流系统、已开垦地退耕回归沼泽湿地、中断公园附近的国际机场兴建工程等。1996年和2000年，国会先后两次通过保护大沼泽地法案。

[七、蒂卡尔国家公园]

危地马拉国家公园。位于危地马拉北部佩腾省东北部丛林中，西南距弗洛雷斯约35千米。蒂卡尔古城位于公园内，是玛雅古国最大城市和祭祀中心所在地之一。设有博物馆，陈列大量出土文物。古城外有5万公顷林地，有多种珍贵动植物。1979年作为文化与自然双重遗产列入《世界遗产名录》。

蒂卡尔遗址Ⅰ号神庙

玛雅文明古典期代表性古城。遗址位于危地马拉北部。城区面积达5000公顷，居民达4万人。祭祀和行政管理中心位于城中央。在此发现了金字塔式台庙、宫殿、官署、广场、卫城和巨型石碑等。宫庙建筑成院落单元布局是蒂卡尔礼仪中心的显著特点。建筑多坐落在大型平台上，往往由两座金字塔、一座长条形建筑和一座石碑院落组成一个独立单元。著名的4号金字塔台神庙高75米，是玛雅地区最高的建筑物。近年来依据碑铭确认了从4世纪晚期至8世纪晚期11位统治者的王朝序列。蒂卡尔遗址的第一位统治者“美洲豹·爪”死于376年。蒂卡尔王朝序列曾一度中断，但到682年复兴。复兴王者的陵墓就是规模宏大的1号神庙，其子修建4号神庙，孙子修建6号神庙。6号神庙顶脊上刻满巨大的文字符号，详细记载了当时的历史事件和各种神话传说。

[八、红杉树国家公园]

美国西部为保护珍贵原始红杉林而设的国家公园。1976年和1980年先后被联合国列入国际生物圈保护区和《世界遗产名录》。

北美红杉

红杉树国家公园位于加利福尼亚州中东部内华达山区，北邻金斯峡谷国家公园，1890年建园，是美国第2个建立的国家公园。面积163000公顷。美国本土最高峰惠特尼山在公园东端，海拔4418米。园区面迎太平洋湿润气流，冬季多雨，夏季多雾，甚宜红杉生长。园内红杉树数以千计，其中有数百棵高大挺拔，年代悠久，部分还以知名人物命名。例如，最著名的“谢尔曼将军树”，高84米，基部直径11米，树龄已达3500多年，有“世界树王”之称。另有一棵红杉树高达112米，是目前世界已知的最高树木。园内还遍布冷杉、云杉、橡、柳、榛等其他林木。栖息75种哺乳动物，如黑熊、黑尾鹿、美洲野猪、美洲豹、山狮等。鸟类200多种，包括稀有的濒临灭绝的白头啄木鸟、加利福尼亚栗色鹈鹕、游隼等。园内有克恩河峡谷、克利斯特尔溶洞、马布尔瀑布等胜景。

[九、卡乌伊塔国家公园]

哥斯达黎加国家公园。位于加勒比海西岸，哥斯达黎加东部的卡乌依塔角。面积 1100 公顷。1970 年建立。

这里的海岸很有特色，椰子树、棕榈树、红树林及其他灌木，给公园海岸筑起一道绿色篱笆。在离海岸线 500 米处，有一面积 600 公顷的珊瑚礁，生长着 30 多种色彩绚丽的活珊瑚。珊瑚下面有许多热带海洋动物和海生植物，是该园的主要保护对象。在公园里，游客可乘坐游艇观赏加勒比海风光，或在海滨游水，或潜水欣赏海底世界。

加勒比海沿岸风光

[十、黄石国家公园]

世界上最早建立的国家公园。主要位于美国西部怀俄明州西北部，部分伸入蒙大拿州和爱达荷州境内。面积 898300 公顷，是美国本土面积最大的国家公园。1872 年美国国会通过提案，正式建立黄石国家公园，成为现代自然保护事业的先驱。1976 年和 1978 年先后被联合国列入国际生物圈保护区和《世界遗产名录》。

公园地处北落基山与中落基山间的黄石熔岩高原，曾历经多次火山活动，1959 年发生里氏 7.5 级大地震，地壳至今不稳定。山峦崎岖，海拔 2100 ～ 2400 米，东边的伊格尔峰海拔 3462 米，为全园最高峰。黄石河自南

黄石国家公园风光

向北纵贯园区。途中流经的黄石湖，面积33900公顷，湖面海拔2357米，是北美洲海拔最高的大湖泊；黄石河在北部切割成长30千米、深370米的黄石河大峡谷，河水跌落形成壮观的上瀑布和下瀑布。园内有300多处间歇喷泉和3000多处温泉，主要分布在公园西半部，其温度、水量、排水方式和水质成分各异，数量和种类之多，世界罕见。其中包括喷发很有规律的“老忠实泉”、以喷发高度著称的斯廷博特泉、著名马默斯温泉等。还有泉华丘、泥火山、蒸气孔、黑曜岩悬崖和化石森林等胜景。

生境多样。有大片原始森林，主要树种为黑松、扭叶松、云杉、冷杉以及白杨、三角叶杨、桤木等；也有广阔的草原和艾灌丛沙漠。园内生活着多种野生动物，大型哺乳动物有野牛、麝、巨角野羊、黑熊、灰熊、驼鹿、土狼等；鸟类300余种，包括秃鹰、鱼鹰、白鹈鹕、加利福尼亚鸥等。

交通便利，道路总长560多千米，其中大环形路长达225千米，小径总长逾1900千米。各种旅游设施齐全。

[十一、科科岛国家公园]

哥斯达黎加国家公园。在哥斯达黎加西南的太平洋上，北纬5°30′～5°34′，西经87°03′～87°06′，距海岸532千米。

科科岛国家公园一角

科科岛于1526年被西班牙人发现，17～18世纪为海盗的藏身地。据传这里曾匿藏过大量宝藏。公园建于1978年6月。岛屿面积2400公顷，海域面积97235公顷。气候炎热，雨量充沛，平均年降水量7000毫米以上。岛上复杂的地形形成了许多瀑布，其中一些从很高的地方直落海洋。海岸蜿蜒曲折，有高达183米的峭壁，也有水下洞穴。常年被茂密的森林覆盖，有235种植物（70种为特有种）、362种昆虫、2种爬行动物、3种蜘蛛、85种鸟类、57种甲壳类动物、118种海洋软体动物、200多种鱼类和18种珊瑚。在众多的树种中，有粉红克鲁希亚木、铁树、棕榈等。该公园被称为研究自然的实验室。1997年作为自然遗产被列入《世界遗产名录》。

[十二、伍德布法罗国家公园]

加拿大最大的国家公园，也是世界最大的国家公园之一。1922年为保护野牛群而建。1983年被联合国教科文组织列入《世界遗产名录》。

伍德布法罗国家公园位于西北地区南部和艾伯塔省北部，大奴湖和阿萨巴斯卡湖之间。面积448万公顷。园内平原广阔，河湖众多，还分布大片喀斯特地貌以及加拿大仅有的盐碱地。既有连绵的草原，也有茂密的森林。

猞猁

草原上生息着北美大陆仅存的最大野牛群，总数约6000头。皮斯河流经公园南部，注入阿萨巴斯卡湖，形成大面积内陆三角洲。这片保持着原始生态的湿地，栖息着各类鸟禽，是珍稀的美洲鹤（鸣鹤）筑巢区，还有游隼、白头海鸥等。在园内出没的其他动物还有黑熊、北美驯鹿、麋、猞猁、河狸等。

［十三、马默斯洞穴国家公园］

拥有世界最长地下洞穴网的美国国家公园。位于肯塔基州中西部。面积21400公顷。1941年正式建立。1981年和1990年先后被联合国列入《世界遗产名录》和国际生物圈保护区。

马默斯洞穴国家公园内的溶洞洞穴

洞穴由石灰岩经长期水溶而成。上下5层相叠，最下一层低于地面110米。250多条洞穴通道盘绕在5个不同高度的平面上，上下左右互相通连，已探明总长度达560多千米。已发现规模较大的洞穴七八十个，最大的“中国神庙厅”面积达14850平方米。石钟乳、石笋、石穴、石花、石蘑菇、石瀑布等各类喀斯特地貌遍布。洞穴区有3条地下河流、2个地下湖泊和许多地下峡谷、深井。在恒温（12℃）、恒湿（湿度87%）和黑暗的脆弱生态环境下，生活着一些独特的动物，如盲鱼、无翅蟋蟀、蝲蛄、印第安纳蝙蝠等。马默斯洞穴的地上世界，岗丘起伏，森林茂密，格林河及其支流蜿蜒流贯。原仅有一个天然洞口，现已有3个人工洞口，辟有5条线路供游客通行。

[十四、梅萨维德国家公园]

北美洲印第安人文化遗迹保留地。坐落在美国科罗拉多州西南部的沙漠和多峡谷的岩石地带，占地2.01万公顷。1906年辟为国家公园，并设立了专门管理机构。梅萨维德，西班牙语意为“绿色台地”，为18世纪西班牙探险家所命名。

公园内的印第安人建筑遗迹

约在2000年前，一个称作阿纳萨扎伊的印第安部族在此建立了小王国。起初他们在地坑里盖造粗犷的房舍，成为这里最早的聚居和以务农为生的印第安人。后为了躲避其他部族的侵袭，他们开始迁移到峡谷两侧的悬崖峭壁间，开山凿石，垒砌墙壁，构置峭壁石室，在历史上被称为峭壁居民。公园内遗存的印第安人建筑遗迹主要有两处最集中：一处是峭壁王宫，一处是云杉之屋。前者约建于11世纪，建筑形式像现代的公寓，分2层、3层、4层几种规格，总计有房间200多个。在峭壁王宫外缘，还有许多圆形地下室，供部族内部社交活动或敬神之用。云杉之屋约建于12世纪，共有峭壁房舍100多所。房舍周围还有500所古屋，如用于敬神的太阳庙以及阳台屋、落日屋、方塔屋、雪松屋、回音室等。由于这些石屋均建在悬崖峭壁上，故参观的游人入室必须攀登一道惊心怵目的长梯或凭借扶梯下到地下室。此外在峡谷两侧坡地处还辟有梯田，在谷地建有水塘，在某些废墟上绘有壁画。公园辟有博物馆，馆内收藏有这些部族的手工艺品，如造型精巧的黑白花纹陶器、鸳鸯杯、连柄杯、水瓮等。13世纪末，这一带发生了特大旱灾和部族之间的连年格斗，他们被迫放弃家园，逃往他乡，只留下了村落。直到 19 世纪初叶，这里才逐渐被邻村的定居者或当地牧民发现。这些古迹是美洲大陆高度发展的印第安人文明的象征，对于了解哥伦布发现美洲大陆前北美印第安人的生活极有价值，同时也是一处历史文化旅游景观。联合国教科文组织已把它列为世界十二大名胜古迹之一。

［十五、落基山国家公园］

在美国科罗拉多州中北部，落基山脉弗兰特岭山区。1915 年建立，面积 106109 公顷。

境内多海拔逾 3000 米的山峰，其中朗斯峰海拔 4345.28 米。除高山外，还有宽阔的河谷、峡谷、高山湖泊和湍急奔泻的溪流。有冰川时期的冰川痕迹，如高山草场和漂砾。植物种类繁多，已知名的有 700 多种。动物有大角羊、鹿、山狮及各种鸟类。

落基山风光

[十六、夏威夷火山国家公园]

美国夏威夷岛东南部火山区的国家公园。1916年始建自然保护区。1961年正式辟为国家公园。面积84900公顷。1987年被联合国列入《世界遗产名录》。为世界上为数不多的向游客开放、可目睹火山喷发奇观的地方。

园内冒纳罗亚和基拉韦厄两座著名活火山喷出基性玄武岩质熔岩，属盾形火山。冒纳罗亚火山自1832年以来平均每隔3～4年喷发一次，现海拔4170米，为当今世界上体积最大的活火山。基拉韦厄火山在前者的东南侧，海拔1247米，喷发更为频繁，即使在“平静期”也冒着白烟，火星四溅。除熔岩流分布区景象荒芜外，园内许多地方仍然洋溢生机，尤其是面迎东北信风的山坡，林木繁盛，栖息各种野生动物，如野山羊、野猪、鹌鹑等，还有当地特有的夏威夷鹅、夏威夷长鹬等。

基拉韦厄火山附近建有世界上第一座火山观察站（1912），研究人员已基本摸清两座活火山的活动规律，能正确预报火山喷发的时间、地点和熔岩

基拉韦厄火山熔岩

流向。为游客专设封闭的透明观察台，以就近观察火山喷发奇观。在基拉韦厄游客中心设有火山博物馆，介绍过去火山喷发记录和有关火山的科学知识。

[十七、约塞米蒂国家公园]

美国加利福尼亚州中东部的国家公园。地处内华达山脉西坡。面积 30 万公顷。1864 年经美国国会批准，A. 林肯总统颁令，划出 12560 公顷土地，设立美国第一块州立保护地。1868 年，一位年轻的苏格兰移民 J. 缪尔慕名而来，在此定居，开始了他为之奋斗终生的自然保护事业。在缪尔的努力下，1890 年约塞米蒂国家公园正式成立。1903 年春，缪尔陪同 T. 罗斯福总统在园内进行 4 天旅行。1906 年公园扩大到现在的规模。1984 年被联合国教科文组织列入《世界遗产名录》。

公园以高大的花岗岩巨丘陡崖、北美洲最高的瀑布和长寿巨树红杉林著称。地处公园西南部的约塞米蒂谷地，长 11.2 千米，宽 800 ～ 1800 米，深 300 ～ 1500 米，为公园的精华所在。这是一条典型的冰融 U 形谷，谷底平坦，谷壁陡峭。矗立于谷地南面入口处的埃尔卡皮坦山（将军岩）高达 1098 米，堪称世界最大的花岗岩块；哈夫圆丘（半圆丘）以其高达 1463 米的半圆形的陡直峭壁，被视作约塞米蒂谷地的标志。还有落箭岩、三兄弟山、格拉西尔峰（冰川峰）、卡西德勒峰、森蒂纳尔圆丘（哨兵岩）等，均平地拔起，护围着谷地。绕经山谷的默塞德河，由 3 条出自山间的支流汇成，它们从高耸的花岗岩山崖跌落，形成了一系列高悬的瀑布。其中约塞米蒂瀑布总落差达 739 米，为北美洲第一、世界第三高瀑；里本瀑布落差 491 米，为北美洲第二高瀑；还有伊利卢埃特瀑布、布赖德韦尔瀑布、内华达瀑布、费纳尔瀑布等。

园内生境多样，植物种类多达 1500 余种，主要有冷杉、白松、黄松、黑松、雪松、山桧、栎树等。红杉原始林地闻名于世，位于公园南端入口处的马里波萨丛林是面积最大的一处，更有树龄已逾 2700 多年的“灰色巨树”和

约塞米蒂瀑布

有道路穿过树干的“隧道树”。约塞米蒂谷地以北的图奥勒米草地是内华达山脉面积最大的高山草甸。

园内栖息着 80 种哺乳动物、29 种两栖类和爬行类动物、220 多种鸟禽、11 种鱼类。常见浣熊、狐狸、郊狼、黑熊、奥鼬、长耳黑尾鹿等，还能见到濒临灭绝的秃头鹰和生存能力极弱的游隼。

在约塞米蒂谷地游客中心专设印第安文化博物馆，展示最早居住在这里的土著印第安部落历史。对来自世界各地的攀岩爱好者来说，约塞米蒂谷地周围的花岗岩悬崖峭壁是从事此项运动的胜地。

第五章　南美洲

[一、冰川国家公园]

阿根廷国家公园。位于南部圣克鲁斯省西南部的安第斯山区，占地面积445900公顷。1937年开始受到正式保护，1945年建成国家公园，以保护陆地冰原以及亚寒带森林和草原。由于自然风光独特，并具有典型的冰川地貌特征，1981年作为自然遗产被列入《世界遗产名录》。

气候寒冷，年平均气温7.5℃，平均年降水量809毫米。公园内分为两个截然不同的风景区。西部是冰雪覆盖的山脉、冰川、湖泊和森林，东部是巴塔哥尼亚草原。冰原和冰川的面积几乎占到公园总面积的一半，公园因此而得名。园内共散布

冰川国家公园

着47条大型冰川和200多条小冰川，海拔最高达2000～3000米。著名的莫雷诺冰川位于公园南部，长约35千米，其冰舌宽约4000米，高60米，屹立在阿根廷湖面上，呈现出时进时退的奇特景观，每年吸引大量游客前来参观。阿根廷湖北端的乌普萨拉冰川是当地最大的冰川，巨大的冰山常流入湖中。北部的菲兹·罗伊峰海拔3375米，是公园内的最高点。冰山在山谷冰川、森林和湖水的映衬下构成了世界上独一无二的自然景观，公园是研究冰川消长运动规律、冰川地貌的理想场所。公园内的动植物资源丰富，西部的植被是典型的安第斯-巴塔哥尼亚森林和灌木，向东则过渡到干草原。主要动物有美洲狮、鹿、狐狸、原驼、黑颈天鹅等。

[二、卡奈马国家公园]

委内瑞拉国家公园。位于东南部靠近圭亚那和巴西边界，帕卡赖马山脉以北。世界第六大国家公园。面积约300万公顷。海拔400～2400米。平均气温10～21℃。1～3月为旱季。1962年建园。

大食蚁兽

园内包括卡奈马湖、卡拉奥河河谷、大萨瓦纳平原和安赫尔瀑布等。因地形复杂和气候潮湿，植物呈多样性，仅兰花就有500多种。多珍禽异兽。哺乳类动物有美洲虎、美洲狮、豹猫、野狗、眼镜熊、獭、犰狳、鹿、食蚁兽、浣熊、豪猪以及各种猴。爬行类和两栖类动物有变色蜥蜴、鳄鱼、鬣蜥蜴和各种蛇。此外，还有550多种珍稀鸟类。1994年作为自然遗产被列入《世界遗产名录》。

［三、达连国家公园］

巴拿马国家公园。位于巴拿马东南部达连省境内，毗邻哥伦比亚。面积57900公顷，是中美洲最大的国家公园。

达连国家公园东北的达连山海拔300～1000米，最高峰海拔1845米。山脉多死火山，火山爆发留下的熔岩和凝灰岩随处可见。园内热带雨林茂盛，动物种类繁多，有7种特有哺乳动物，还有450种鸟类，其中5种为特有种。有3个主要的印第安人部落居住在此。1981年作为自然遗产被列入《世界遗产名录》，1982年被定为世界生物圈保留地。

印第安人

［四、洛斯卡蒂奥斯国家公园］

哥伦比亚国家公园。位于哥伦比亚和巴拿马边境的达连山以南，包括乔科省和安蒂奥基亚省边界处的绍塔塔市。

这里是第四纪的冲积平原，有阿特拉托河流过。属于热带雨林气候，年平均气温28～30℃。公园面积约10公顷。动植物资源非常丰富，包括1500多种花，750种树，450多种鸟，150多种蝴蝶，100多种爬行动物，60种两栖动物，8000多种昆虫。就单位面积的植物数量和种类而言，在世界独占鳌头。保存着哥伦比亚最后一片桃花木林地和独籽角树。洛斯卡蒂奥斯国家公园是人类重要的生物资源宝库，1994年作为自然遗产被列入《世界遗产名录》。

[五、马努国家公园]

秘鲁自然保护区。位于东南部马德雷德迪奥斯省马努州、库斯科省普卡尔坦博州和拉孔本西翁州。建于1983年。面积188.1万公顷。

公园有近2000种维管植物、1000种禽鸟以及数百种哺乳动物、爬行动物、昆虫和鱼。区内荒无人烟，只有人数不多的当地印第安人部落居住，其中有些部落还停留在石器时代。马努国家公园被世界认为是全球最具生物多样性的地区之一。因该公园对人类的重要意义，1977年被联合国教科文组织宣布为生物圈保留区，1987年作为自然遗产被列入《世界遗产名录》。

[六、圣拉斐尔国家公园]

智利国家公园。位于南部伊瓦涅斯将军的艾森大区，濒临太平洋。

1945年为保护生态环境和当地动植物而建，面积59万公顷。园中圣拉

伸入圣拉斐尔湖的圣拉斐尔冰川

斐尔湖由泰陶半岛和大陆间长 16 千米的峡湾形成，有圣拉斐尔冰川伸入。深邃的峡谷和众多的湖泊为发展旅游提供了得天独厚的自然条件。有海路和河道与外界沟通。

[七、雪山国家公园]

哥伦比亚国家公园。位于哥伦比亚中部、中科迪勒拉山脉中段，北纬 4° ～ 5°，西经 75° ～ 76°，是火山多发地带。

国家公园南北长约 45 千米，东西约有 50 千米，面积达 20 万公顷。包括在托利马与卡尔达斯、里萨拉尔达和金迪奥四省交界处的海拔 4855 米的拉奥耶塔山、海拔 5590 米的路易斯山、海拔 5250 米的圣伊萨贝尔山、海拔 5200 米的西斯内山、海拔 5190 米的金迪奥山和海拔 5215 米的托利马山，以及海拔 5700 米的乌伊拉山。这些终年积雪的雪山有众多滑雪场，可供全年滑雪。雪山国家公园周围数省是重要的软咖啡种植区。那里有温和潮湿的环境、适度的雨水、火山岩土壤和充足的阳光，生产优质、味道芬芳的软咖啡，闻名遐迩。

科迪勒拉山系风光

[八、普拉塞国家公园]

哥伦比亚国家公园。位于中科迪勒拉山脉南段、考卡省与乌伊拉省边界附近的帕帕斯荒原以北。属热带高山气候，年平均气温低于 10℃。

这里是火山多发地带，也是马格达莱纳河、考卡河和卡克塔河的发源地。为保护 3 条河的源头，避免地表水土流失，哥伦比亚政府在帕帕斯荒原地区建立普拉塞国家公园，公园覆盖面积达 83000 公顷。园内有近 40 个小湖，7 座火山，其中普拉塞火山海拔 4646 米，索塔拉火山海拔 4580 米，最为著名的潘·德阿苏卡尔火山海拔 4670 米。公园距考卡省首府波帕扬半小时车程。在公园东南侧山下、乌伊拉省南部有圣奥古斯丁遗址。

[九、瓦斯卡兰国家公园]

秘鲁自然保护区。主要位于中西部安卡什省瓦拉斯州。建于 1975 年。面积 34 万公顷。

蜂鸟

园区包括整个布兰卡山系和 7 座 6000 米以上雪山，构成由雪山、湖泊、峡谷、激流和瀑布等组成的景观。园内地势悬殊，有海拔 5000 ～ 6768 米高度不等的雪山（其中 6768 米的瓦斯卡兰山为全国最高峰）、冰川侵蚀形成的“一线天”似的深谷、数量众多的大小湖泊、663 条冰川。气候分为截然不同的两个季节：4 ～ 9 月为旱季，6 ～ 8 月干旱尤甚；10 月至翌年 5 月为雨季，1 ～ 3 月降水最多。植物种类繁多。特有种普亚树，可在短期内长到 10 米以上。动物种类也很多，主要有灰鹿、塔卢卡鹿、眼镜熊等。鸟禽类丰富，主要有鸭、骨顶鸡和蜂鸟等。因其生物多样性和独特的自然景观，被联合国教科文组织宣布为人类生物圈保护区，1985 年作为自然遗产被列入《世界遗产名录》。

［十、桑盖国家公园］

厄瓜多尔本土最大的自然资源保护区。位于国土中部，基多以南 170 千米，跨越通古拉瓦、钦博拉索、卡尼亚尔和莫罗纳－圣地亚哥 4 省。

山地貘

桑盖国家公园为人烟稀少的原始森林和高寒地带，包括海拔 900 米的热带雨林和海拔5000米的常年覆盖冰雪的火山峰。面积 517725 公顷。公园内有 327 个湖泊和通古拉瓦火山、埃尔阿尔托火山、桑盖火山 3 座著名火山。桑盖火山是世界最活跃的火山之一。动物有 499 种，包括 25 种两栖类、14 种爬行类、343 种鸟类、17 种鱼类和 100 种哺乳类，其中很多为濒危动物，如山地貘等。公园有两个特种鸟保护区：中安第斯高原区，有 10 种珍稀鸟类；东安第斯区，有 15 种珍稀鸟类。桑盖国家公园因拥有多样的生态系统和丰富的生物资源，1983 年作为自然遗产被列入《世界遗产名录》。

[十一、伊瓜苏国家公园]

巴西国家公园，世界最大的亚热带森林之一。位于巴拉那州西南部与阿根廷交界处。1939 年被辟为国家公园，占地面积 170200 公顷，是巴西最大的森林保护区。

巴西伊瓜苏瀑布

该公园与阿根廷的伊瓜苏国家公园（面积 55500 公顷，建于 1934 年，1984 年作为自然遗产被列入《世界遗产名录》）共同拥有世界著名的伊瓜苏瀑布。每年吸引 70 多万国内外游客。属亚热带湿润性气候，平均年降水量 2000 毫米。内有逾 2000 种植物，栖息着濒临灭绝的动物，如短吻鳄和巨型水獭等。还有当地特有的哺乳类动物，如貘、食蚁兽、密熊、吼猴、南美浣熊、美洲豹、美洲豹猫和美洲虎猫等。1986 年作为自然遗产被列入《世界遗产名录》。

第六章 大洋洲

[一、库克峰国家公园]

新西兰国家公园。位于南岛中西部，坐落在南阿尔卑斯山景色壮丽的中段东坡，西与韦斯特兰国家公园相邻。1953年辟为公园。面积7万公顷。

公园1/3地区常年积雪，或为冰川覆盖，有27座海拔3000米以上的高峰。库克峰雄踞中间，顶峰险峻，较难攀登。高坡处寸草不生，岩石交错于冰雪之中。山间多冰川、瀑布。公园内多湖泊，冰蚀湖呈深赭石色，雨水湖清澈翠绿，山影碧波，气象万千。海拔1000米（雪

库克峰国家公园景色

线）以下，森林茂密，园内有大鹦鹉、鹰、羚羊、野兔等野生动物。这里是爬山、滑雪、狩猎的理想去处。

[二、卡卡杜国家公园]

澳大利亚6个联邦国家公园之一。位于北部地区首府达尔文市以东250千米处。公园占地175.53万公顷，由其传统的主人（当地土著居民）与联邦政府环境和遗产部共同管理。

公园的名字“卡卡杜”来自这一地区土著居民的语言。卡卡杜国家公园由3个部分组成，即沙石平原、一直起伏延伸到阿纳姆地西部悬崖的山地，以及低处的洪积平原和潟湖。悬崖是公园最具特色的景观，绵延长达600千米，悬崖的部分地方高达450米。底部和岩石台地上生活着大量的野生动物。

卡卡杜国家公园内的瀑布

悬崖上有许多岩洞，里面已发现约1000处考古价值很高的岩画。这些岩画估计已有1.8万年的历史，从中可以看到土著居民各时期的生活内容。卡卡杜国家公园有阿利盖特河等多条河流经过，大片的湖泊和湿地成为众多水禽在旱季的庇护所。这一地区的湿地，以其突出的生态学、植物学、动物学和水文学特征，被列入《国际重要湿地名录》。

公园内动植物种类异常丰富。美洲红树、草地、桉树林和成片的雨林所组成的植被，为270多种鸟类、50 多种当地特有的哺乳动物、40 余种鱼类和 22 种蛙类提供了良好的生存环境。公园的生态景观具有明显的季节变化，每年 5～10 月，气候适宜，道路通畅，是到此旅游观光的最佳时间。1981 年被联合国教科文组织列入《世界遗产名录》。

[三、乌卢鲁- 卡塔曲塔国家公园]

澳大利亚国家公园。位于澳大利亚大陆中部马斯格雷夫岭北麓，东北距艾利斯斯普林斯约 300 千米。占地 132566 公顷。

1958 年始建，初称艾尔斯岩-奥尔加山国家公园。1985 年以后，按当地土著居民的语言改称乌卢鲁-卡塔曲塔国家公园。1987 年作为自然遗产、1994 年作为文化遗产被列入《世界遗产名录》。公园大部分地区为一望无际的沙漠平原，一些地区有红色砂岩出露。世界上最大的独体岩石艾尔斯岩突起在平原上，其颜色随日光照射程度差异而千变万化，被当地的土著居民视为圣地。距艾尔斯岩 48 千米处的奥尔加山高约 546 米，由 36 个岩石山包组成，当地土著居民称它为“卡塔曲塔”（有许多个头颅的地方）。

艾尔斯岩远眺

公园内有一些珍贵或濒危动植物。植被主要是半沙漠植物，有小尤加利树、鬣刺属植物、金合欢属植物、沙栎、硬木树、伞层花桉等。动物则包括大袋鼠、澳洲野犬、袋狸、鸸鹋、蛇、蜥蜴等。约有土著居民 80 人居住在公园内，原以猎杀野兽和采集野果为生，现已成为公园的管理者。

[四、汤加里罗国家公园]

新西兰国家公园。位于北岛中央的罗托鲁阿-陶波湖地热区南端。占地8万公顷，是由火山组成的熔岩区。

15座近代活动过或正在活动的火山呈线状排列，向东北方向延伸。汤加里罗、瑙鲁霍伊和鲁阿佩胡3座活火山，尤为著名。汤加里罗火山峰顶宽广，包括北口、南口、中口、西口、红口等一系列火山口。瑙鲁霍伊火山烟雾腾腾，常年不息。鲁阿佩胡火山海拔2797米，为北岛最高点。乘公园内的架空滑车，可接近顶端。原为陶波湖周围的毛利部族所有，毛利人视它为圣地。1887年毛利人为了维护山区的神圣，不让欧洲人分片出售，以3座火山为中心，把约243公顷内的地区献给国家，作为国家公园。

鲁阿佩胡火山风光

汤加里罗国家公园的火山

1894年，新西兰政府将这3座火山连同周围地区正式开辟为公园，定名为汤加里罗国家公园。为知名的登山、滑雪和旅游胜地。1990年作为自然和文化双重遗产列入《世界遗产名录》，1993年扩展范围。

[五、韦斯特兰国家公园]

新西兰国家公园。位于南岛中西部，从南阿尔卑斯山主脊一直延伸至西海岸，东与库克峰国家公园相邻。面积 117000 公顷。

阿尔卑斯山的雄姿

巨大的断层将公园分成地形截然不同的两部分。断层以东的悬崖之上矗立着南阿尔卑斯山，山坡上有流水切割形成的峡谷。无数条冰川自永久雪线以上延伸而下，其中福克斯冰川一直延伸到断层以西的低地地区。断层以西，则为茂密雨林覆盖的低地。其中在靠近海岸的地区，有风景秀丽的湖泊、湿地和宽阔的河口，多种涉禽和其他亲水的生物在这里繁衍。